JN035320

デジタル写真測量の基礎

～デジカメで三次元測定をするには～

津留　宏介　　村井　俊治　著

はじめに

この本は、デジタル写真測量の基礎を分りやすく解説したものです。最近のデジタルカメラ（以降デジカメと略称）の発達は素晴らしいものがあります。数万円で1200万画素のデジカメを購入することができます。デジカメで撮影したデジタル画像をコンピュータに取り込んで、電子メールで送ったり、加工したりできます。

しかし、身近にあるデジカメで三次元測定ができる、いわゆる「写真測量」をすることができることを知っている人は意外に多くはありません。デジカメとコンピュータと写真測量のソフトがあれば、簡単に三次元測定ができます。ただし、写真の幾何学的特徴や写真測量の原理についての基礎知識が必要です。写真撮影の仕方も知っておく必要があります。三次元の形を求めたい対象物に対して、異なる場所から最小2枚の写真を撮影する必要があります。同じ対象物を2か所から撮影した写真をステレオ写真といいます。写真測量はステレオ写真が基本です。

日本測量協会が6年前から実施している「デジカメを利用した写真測量」の講習会には、延べで500人の受講者が参加しました。丸1日間の実習を主とした講習で自分の持参したデジカメで三次元測定ができるようになります。殆どの講習会は定員オーバーになるほどの人気です。いかにデジタル写真測量の潜在的需要が大きいかを知ることができます。

本書は、分りやすいデジタル写真測量のテキストとして、これからデジカメで写真測量をしてみたいという読者を対象に、平易に書かれています。本書を読んで写真測量に興味を覚え、さらに実際に三次元測定をすることを期待しております。

2011年2月
著者

改訂第2版の刊行にあたって

SfM (Structure from Motion) と呼ばれることが多く、国土交通大臣が定めた作業規程の準則では三次元形状復元として規定された手法を、主に空中写真測量の自動化の歴史に照らし合わせながら第6章自動写真測量として追記した。SfMは、高度に自動化が進んだ画期的な写真からの三次元計測手法である。ただし、精度が担保されないので、当初は本書の範疇とは捉えず、改訂第1版では応用事例として取り上げるに留めた。しかしながら、その活用は拡大しており、適切に利用され、写真を用いた三次元計測が健全に発展することを祈念して追記した。実現できれば幸いである。

2020年8月
著者

目　　次

表紙画像提供：株式会社トプコン

第1章　写真測量とは

1.1　写真測量の定義

写真測量とは、2か所以上から同一物体を撮影した写真を用いて、その物体の三次元形状を測定する技術です。写真は平面に写された二次元です。一枚の二次元平面の写真から写された物体の三次元形状は一般的に測定不可能です。そのため写真測量では 2 か所以上から同一物体を撮影して、それらの写真からその物体の三次元形状を測定する必要があります（図 1-1 参照）。同一物体を 2 か所から撮影した写真を**ステレオ写真**（または**ステレオペア**とも呼ばれる）といいます。対象物の形によっては周りを一回り複数枚の写真を撮影する必要があります(図1-2 参照)。これらの複数の写真は**マルチイメージ**といいます。写真測量はステレオ写真だけでなく、マルチイメージから大きな物体の三次元形状も測定できます。

アナログカメラで撮影されたフィルムを使って、光学機械である「図化機」により三次元測定をする写真測量を「**アナログ写真測量**」といいます。それに対して、デジカメを使って得られたデジタル画像をコンピュータに取り込み、デジタル写真測量システムを使用して三次元測定をすることを「**デジタル写真測量**」といいます。本書では、デジタル写真測量を解説します。

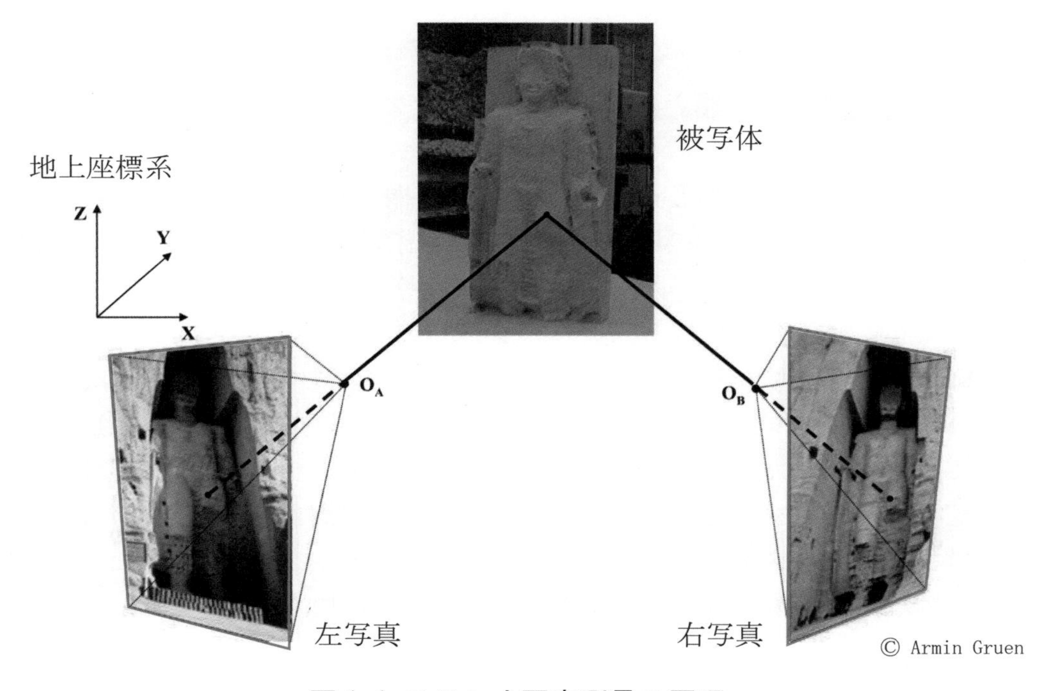

図 1-1 ステレオ写真測量の原理

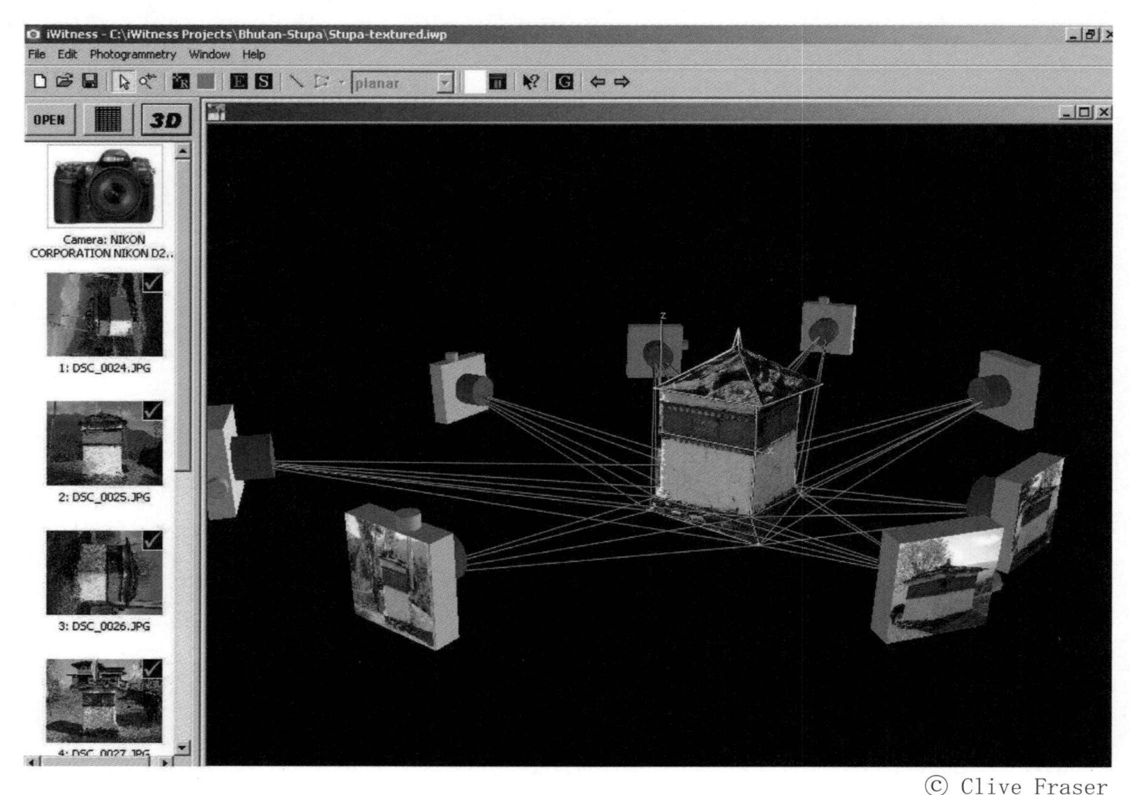

© Clive Fraser

図 1-2 全周撮影のマルチイメージ

1.2　写真測量の種類

写真測量にはいくつかの種類があります。航空機に特殊なカメラ（**航空カメラ**という）を搭載して、地上を重複撮影し、地形図を作製するのを**航空写真測量**（**空中写真測量**とも呼ばれる）といいます（図 1-3 参照）。最近では航空カメラもデジタル形式に切り替わっています。

人工衛星に特殊なカメラ（光学センサーと呼ばれる）を搭載して、地球表面を重複撮影して地形図を作製するのを**宇宙写真測量**といいます（図 1-4 参照）。

地上で市販のデジカメまたはプロの計測用デジカメを使って、地上の物体の三次元測定をすることを、**地上写真測量**または**近接写真測量**といいます。近接写真測量には、マルチコプタといった無人航空機にデジカメを積んで空の上から地上の地形や構造物を三次元測定する写真測量も含まれます（図 1-5 参照）。本書は近接写真測量を対象にしています。しかし、写真測量の原理は、航空写真測量も宇宙写真測量も同じです。

図 1-3 航空カメラ

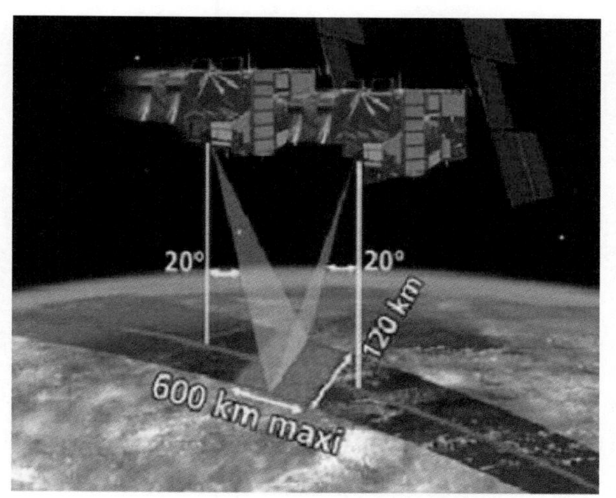

図 1-4 宇宙写真測量の原理

図 1-5 無人航空機に搭載されたデジカメ

1.3　写真測量の歴史

世界最古の写真は、Joseph Nicephone Nièce（1765-1833）が 1826 年に自室の 3 階から露光時間を 8 時間掛けて撮影した陽画といわれています。写真画像が長く保存できる最初の実用的な写真は、1837 年に Jaccques Mande Daguerre によるダゲレオタイプという技法によるものです。地上で撮影したステレオ写真を最初に地図作成へ利用したのは写真測量の父と呼ばれる Aimè Laussedat（1819-1870）で、1849 年のことでした。Jaccques Mande Daguerre の実用的な写真の発明からわずか 12 年しか経っていません。

写真は現実世界を記録するだけでなく、写真測量も担ってきました。一般には知られていない重要な写真の利用法です。本格的に写真測量が利用されるようになったのは、第一次世界大戦で航空機が発達してからです。航空機からカメラを真下に向け、進行方向に対しては約 60%の重複（**オーバーラップ**と呼ぶ）、隣の飛行コースとは約 30%の重複（**サイドラップ**と呼ぶ）で安定して撮影できるようになり、地図作成へ応用されるようになりました（図 1-6 参照）。以後、あらゆる地図の基となる地図は、全てといっていいほど航空写真測量により作成されるようになっています。航空写真測量が日本で実用化されたのは 1960 年代です。最近、航空デジカメが航空写真測量に使われるようになると、オーバーラップ・サイドラップともに 80～85%の重複撮影が行われることもあります。デジカメでは、フィルムの代わりにハードデイスクにデジタル画像を記録しますので、枚数が増えてもコストが増えないためです。これによって、高層ビルなどが倒れて写され見えなくなるような箇所が少なくなる利点があります。

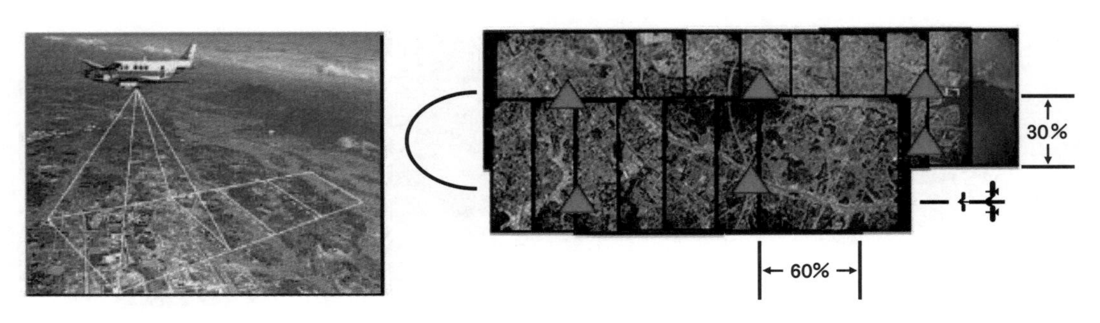

図 1-6 航空写真測量の撮影

地上で撮影した写真からの写真測量も断続的には行われていましたが、はじめに実用的に利用されたのは、現場作業に迅速さが要求され、安定した撮影ができる交通事故の現場検証写真でした。1980 年頃からのコンピュータの発達によって解析的に作業（**解析写真測量**と呼ばれ、解析図化機が使用される）ができるようになってからは、遺跡をはじめとする文化財の調査などにも使われるようになりました。しかし、写真を撮影するためのカメラや写真から図面を作成するための図化機は、高精度のものが要求され、値段も非常に高価なものでした。さらに、撮影条件は悪いのが一般的で、作業には専門性が必要とされ、利用範囲は限定されていました。

解析図化機がはじめて世にでたのは 1976 年のことです。1980 年代になるとコンピュータ技術の進展によって図化機の主な機能である写真の撮影位置を再現する標定、写真からの情報の計測や形状の描画が、コンピュータによって制御されるようになり、操作性が向上しました。当時はフィルムとコンピュータを使った解析写真測量でした。解析写真測量はまだアナログ写真測量でした。図 1-7 は解析図化機、それ以前に使われていたアナログ図化機、現在使われている**デジタル写真測量システム**（**デジタル写真測量ワークステーション**とも呼ばれる）を示しています。

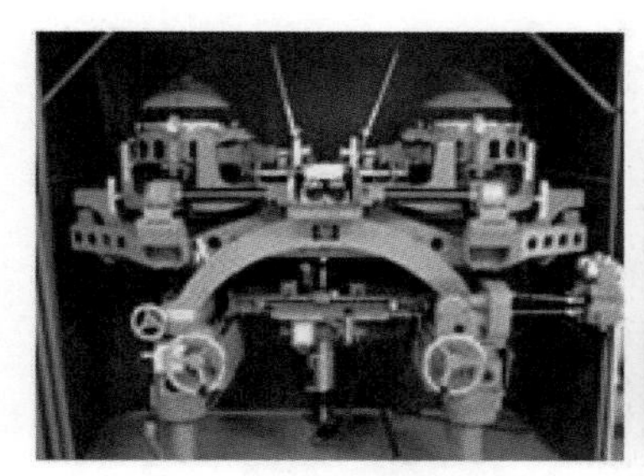

アナログ図化機

解析図化機

デジタル写真測量システム

図 1-7 写真測量に用いられる図化機

1990 年代の後半になると、デジカメの解像度が 100 万画素を超えて 500 万画素に飛躍的に向上しました。21 世紀に入るとフィルムを使ったアナログカメラよりもデジカメの方が主流となりました。殆どの市販デジカメは日本製であり、日本のお家芸的産業になりました。航空デジカメは、市販カメラに比べて後発でした。航空デジカメの利用は、ウイーンで開催された国際写真測量・リモートセンシング学会（ISPRS）でライカ社が展示したのが始まりです。いまや、フィルムを使うアナログ航空カメラは製造が中止され、航空デジカメのみが入手可能になっています（図 1-8 参照）。デジカメで撮影されたデジタル画像を直接コンピュータに取り込んで三次元測定を行う「デジタル写真測量」が実用化したのです。2000 年代に入ると、航空写真測量は航空デジカメに加えて、GNSS（全球測位衛星システム）と IMU（慣性姿勢計測装置）を搭載することで、基準点数が数点の写真測量が可能になるという画期的な技術になりました。

宇宙写真測量は 1986 年にフランスが打ち上げたスポット衛星に搭載された光学センサー（分解能 10m）で軌道間のサイドルッキングステレオ画像から地形図を作製するようになったのがはじめてです。1999 年には 1m の分解能の光学センサーを搭載したイコノス衛星が打ちあげられ、1 万分の 1 の地形図の作製が可能になりました（図 1-9 参照）。2006 年に日本が打ち上げた ALOS 衛星に搭載された PRISM と呼ばれる 3 方向ルッキング光学センサー（分解能 2.5m）は 2 万 5 千分の 1 の地形図の作製を意図していましたが、画質の関係で実際には 5 万分の 1 の地形図ができる程度とされています（図 1-10 参照）。

一方、近接写真測量の分野は、市販デジカメであってもレンズの歪みなどを補正するカメラキャリブレーションで良い結果がでれば、プロ用の三次元測定ができることが検証され、この 2000 年代に入ってから幅広い分野で応用され始めました。特に目覚ましいのは工業計測分野です。文化財の保存記録にも多用されています。

以上を要約しますと、本書で扱う近接デジタル写真測量は、20 年くらいの歴史しかないことが分ります。

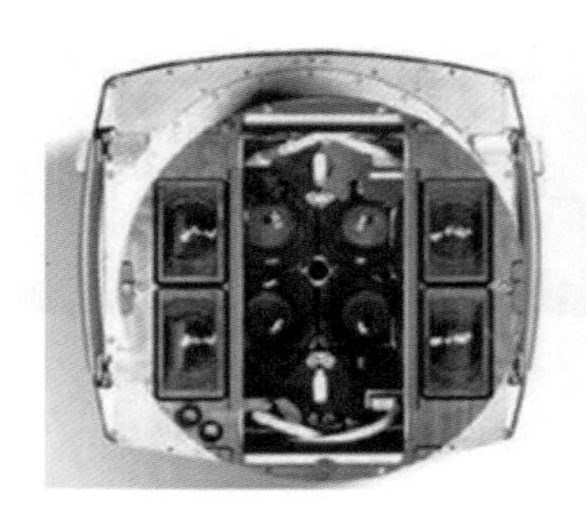

Intergraph 社製

DMC

Microsoft Vexcel 社製

UCD

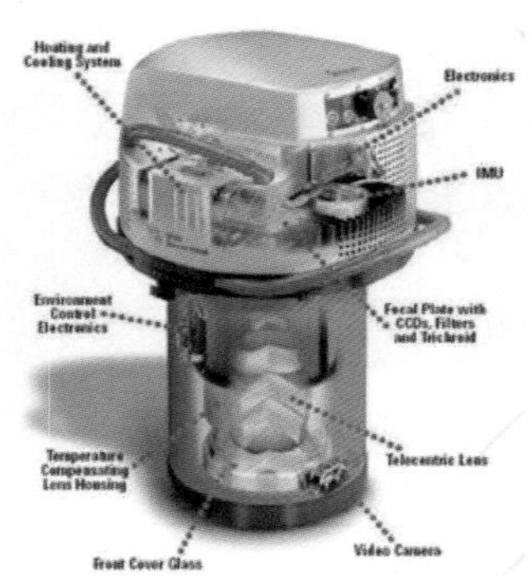

Leica 社製

ADS40

図 1-8 航測デジカメ

図 1-9 イコノス衛星画像（エジプトのピラミッド）

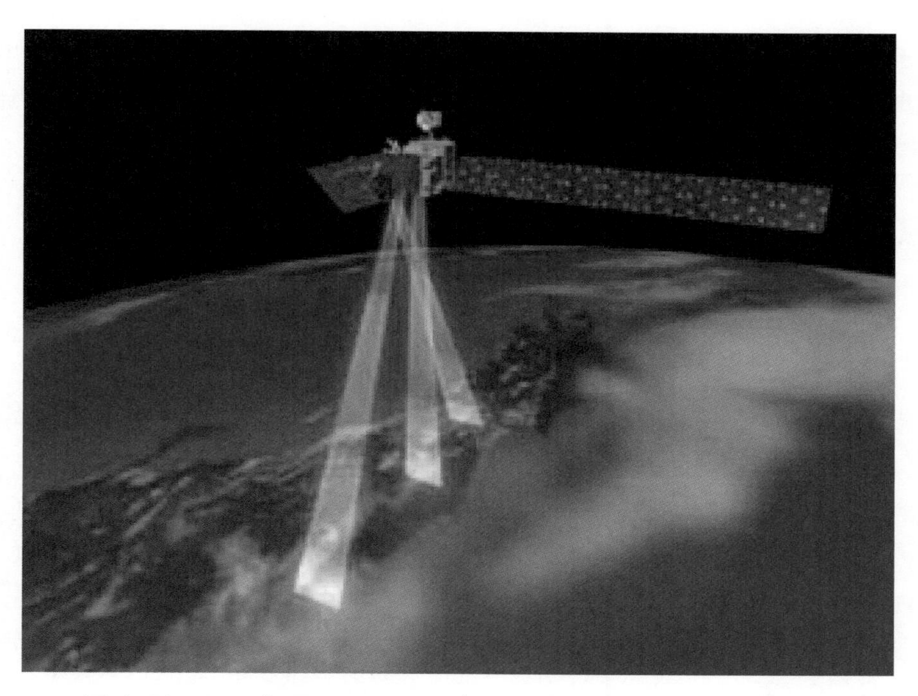

図 1-10 ALOS 衛星 PRISM センサーの撮影方式（JAXA 提供）

1.4 写真の幾何学的特徴

写真は、対象物（以下**対象**と略称します）がカメラのレンズを通して結像面に結像されたものです。結像面は、アナログカメラの場合、フィルム面です。デジカメの場合、固体撮像素子(CCDやCMOS)の受光面になります。写真の上の点は**像点**といいます。

写真の性質の第一の特徴は、対象、レンズ中心、像点が一直線の光線で結ばれていることです。写真測量ではこれを専門用語で**共線条件**といいます。すべての対象はレンズ中心を通して結像されますので、**中心投影**になります。写真は中心投影像です。レンズ中心と結像面の距離を**焦点距離**といいます。正確には焦点距離は光軸が結像する像点とレンズ中心の距離です。写真測量では、焦点距離の代わりに**画面距離**を使います。画面距離は、画面全体にわたって結像する像点とレンズ中心の平均的な距離をいいます。厳密には焦点距離と画面距離は少し違いますが、この本では、焦点距離という用語を統一して使い、c の記号で表します。写真測量では、光軸が結像する点（写真測量では**主点**と呼びます）が**写真座標**の原点になります。主点の位置は、結像面あるいは画面の中心（フィルムや固体撮像素子の中心）とは厳密には一致しません。写真測量では画面の中心からの主点の位置ずれが問題になります。写真座標は、(x, y)で表します。対象は三次元座標（X, Y, Z）で表します。

図 1-11 は、共線条件を示した写真測量の原理を説明したものです。この図は、カメラに傾きのない理想的な状態の写真を示しています。傾きのない写真は、専門用語で**鉛直写真**と呼んでいます。対象の三次元座標（X, Y, Z）、写真座標（x, y）、焦点距離 c の関係はとても簡単な式で表すことができます。

$$x = -cX / Z$$
$$y = -cY / Z \qquad \text{式 1-1}$$
$$c / Z : \text{写真縮尺}$$

この式は写真測量の基本式です。写真測量が成り立つためには、次の条件が必要です。

1) 対象から発した光が直進してレンズ中心を通り、結像面に結像すること。大気の影響で光が直進しないことがあり得ます。また、レンズの歪によってカメラ内部で光が直進しない現象が生じます。カラーの場合、赤、緑、青の三原色に分けて受光されますが、色の波長によって結像する結像面が少しずつずれる問題があります。
2) 結像面は平面であること。最近のデジカメはおおむねこの条件は満足できています。アナログカメラのフィルムの場合には多少の問題がありました。

3)　光軸と結像面が直角であること。デジカメではおおむねこの条件は満足されていると考えていいでしょう。

4)　レンズの焦点距離が正確に計測されていること。殆どのデジカメの焦点距離は1mm単位の値しか明記されておらず正確な値は分かりません。

5)　写真座標の原点である主点の位置が明確であること。主点の位置は画面の中心と近いところにありますが、正確な位置は明記されていません。

6)　レンズの歪み（以降**レンズ歪**と呼ぶ）がないこと。実際のデジカメには無視できない大きさのレンズ歪があります。

市販のデジカメで写真測量するには上記の条件を満たすために、焦点距離、主点の位置、レンズ歪を解析的におこなう**カメラキャリブレーション**が必須です。カメラキャリブレーションについては第5章で説明します。

写真測量の目的は、カメラのレンズの焦点距離および写真座標を与えて対象の三次元測定つまり三次元座標を求めることです。式1-1から分りますように、式の数は2個で未知数は3個ですから、X, Y, Zは解けません。

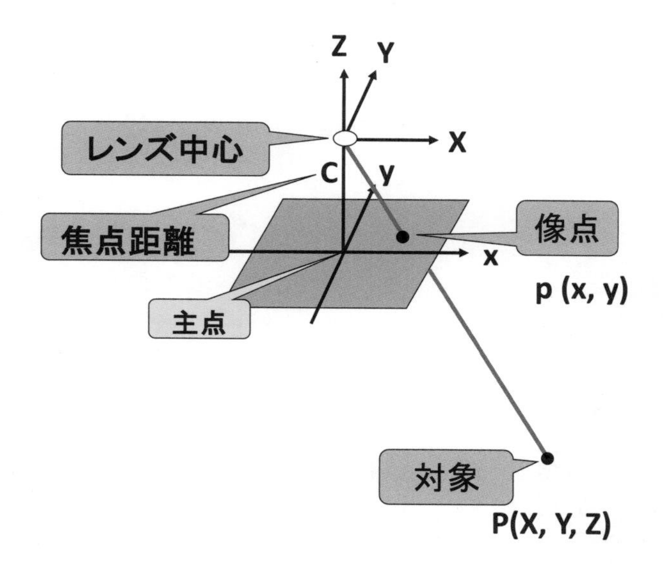

傾きのない写真は、鉛直写真と呼ばれる。
一般に1枚の写真座標(x, y)のみから被写体の三次元座標(X, Y, Z)は求められない。

図 1-11 写真の幾何学（傾きのない写真）

さて式 1-1 から写真の特徴が分ります。図 1-12 を見て下さい。同じ大きさのジュースの箱を撮影した写真です。近くのジュースの箱は大きく、遠くのジュースの箱は小さく写っていますね。式 1-1 で Z が大きければ（遠ければ）x と y は小さくなります。写真から対象のジュースの箱の形（X と Y）を求めるには、奥行きの距離 Z が必要になります。距離によって大きさが異なるということは、写真に写された対象はそれぞれ**写真縮尺**（式 1-1 で c/Z に相当します）も異なるということになります。したがって写真に写された像の大きさだけを測定しても対象の正確な三次元の形は分らないことになります。

次にジュースの箱を上から撮影してみましょう。写真の別の特徴が見えてきます。図 1-13 はジュースの箱を上から撮影した写真です。中央にあるジュースの箱は傾いておらず、ジュースの上部しか写されていません。しかし、端におかれたジュースの箱は放射方向に倒れて写され、鉛直の箱の側面が写っています。倒れ方は中央から離れるほど大きくなっています。この倒れを、**画像の倒れ**といいます。写真の特徴その 1 で説明しましたように、ジュースの上部はカメラに近いので大きく写り、ジュースの底部はカメラから遠いので小さく写っています。ジュースの形は、場所によって異なる写真の大きさで写されています。また、ジュースの箱の位置は、上部と底部は本来同じ位置にあるはずなのに、写真では異なる位置に写されています。このことからも、1 枚の写真のみでは正確な対象の形や置かれている位置を計測できないことが分ります。

図 1-12 写真の特徴その 1

写真の特徴その1

1. 近くのものは大きく、遠くのものは小さく写る。
2. 物体までの距離が分からなければ、物体の形は測定できない。
3. 1 枚の写真の中に写された物体の縮尺は、それぞれ異なる。

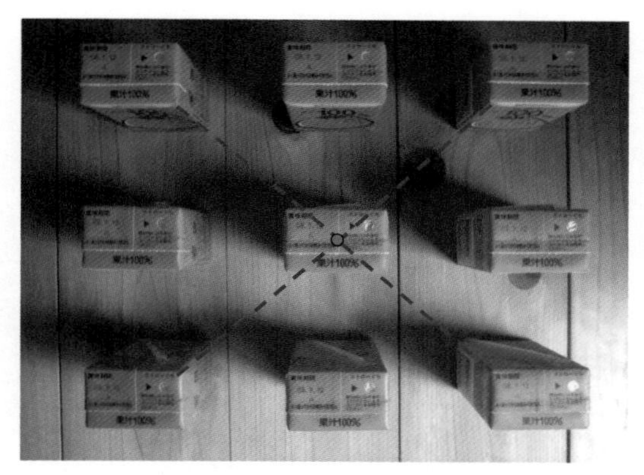

図 1-13 写真の特徴その 2

写真の特徴その2

1. 中央付近は写真の中央。
2. 中央から離れるほど放射方向に倒れて写る。
3. 高さが高いほど倒れる量は大きくなる。
4. １枚の写真からは正確な位置と高さは分からない。

1.5　どうしたら写真測量で三次元測定ができるのか？

さて、1 枚の写真のみでは対象の三次元測定ができないことが分りましたね。それではどうしたら対象の三次元測定ができるでしょうか？ すでに写真測量の定義で述べましたが、2 か所以上から撮影したステレオ写真が必要になります。

図 1-14 を見て下さい。カメラに傾きのない理想的な状態のステレオ写真を示しています。理想的なステレオ写真とは、左右の写真の撮影方向が平行で、左右のカメラの基線長 B が正確に与えられている状態です。写真を平行にして撮影するのを**平行光軸撮影**あるいは**平行撮影**といいます。この場合、像点の y 座標は左写真の y_1 も右写真の y_2 も同じ値です。y_1 と y_2 の y 座標のずれは**縦視差**といいます。理想的な傾きのないステレオ写真では縦視差がゼロです。一方、左写真の x 座標 x_1 と右写真の x 座標 x_2 の差（x_1-x_2）を**視差**といいます。

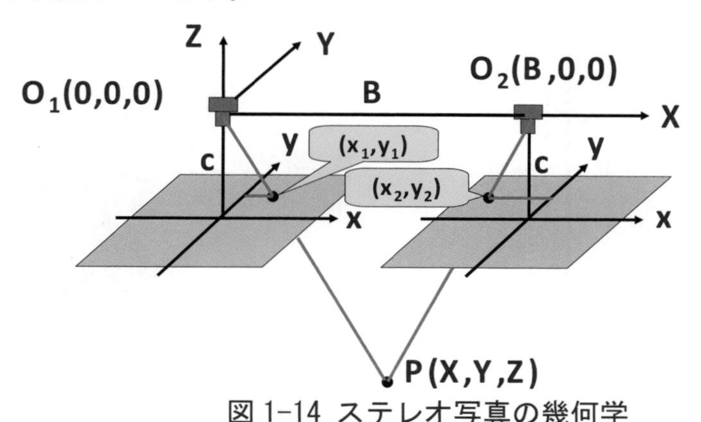

図 1-14 ステレオ写真の幾何学

対象の三次元座標（X,Y,Z）

$$X = \frac{x_1}{x_1 - x_2}B, \qquad Y = \frac{y_1}{x_1 - x_2}B, \qquad Z = \frac{-c}{x_1 - x_2}B \qquad \text{式 1-2}$$

ここで、(x_1－x_2)を視差といい、図1-14中の赤線の合計長となる。

対象の三次元座標X, Y, Zは、図1-14に示した式1-2からx_1, y_2, x_2, y_2, c, Bを与えれば求められます。Bは、カメラ間の距離で**基線長**と呼ばれます。この式で特にZの式に注目して下さい。二つの特徴が読み取れます。第一は、Zが一定なら視差が一定です。その逆も同じです。視差が一定ならばZが一定、つまり等高面を表します。航空写真測量で等高線を描くのはこの特徴を利用しています。近接写真測量の場合、等距離面（奥行き一定の面）になります。第二の特徴では、Zの精度が、B/Zと視差の測定精度に影響されます。B/Zは、基線長と高さ（または奥行き距離）の比を表わし写真測量では**基線高度比**と呼んでいます。基線高度比が小さいとZの測定精度は悪くなり、大きいと良くなります。つまりステレオ写真を撮影するときは、互いに近付けるより離れて撮影することが大切です。しかし､カメラの焦点距離あるいは画角によって限度が生じます。0.3から1.0までの値が望ましい値です。B/Zの逆数に比例して、平面の座標精度（XとY）より高さの座標（Z）の精度が低下します。

このような理想的な状態は、2台の同じタイプのカメラをある正確な基線長の間隔で完全な平行光軸で並べると実現できます(ステレオカメラといいます。図1-15参照)。

基線長を固定しますと基線高度比および撮影条件の制約が生じます。1 台のカメラを水平架台に置き、正確な距離をスライドさせて平行光軸のステレオ写真を撮影するようにしたカメラもあります（図 1-16 参照）。しかし、一般には対象の大きさや形の制約から完全な平行光軸のステレオカメラを使える条件は限られ、手にカメラを持って自由な位置と角度から撮影する方がいろいろな対象に使えます。

図 1-15 平行光軸のステレオカメラ

図 1-16 スライド式ステレオカメラ

1.6 傾いた単写真の幾何学

今まで光軸が水平又は鉛直の場合の理想的な写真の幾何学について説明してきました。実際の写真を撮影するときは一般にカメラを手で支えて撮影しますから、カメラの位置と撮影方向は正確な位置と傾きは分かりません。カメラが傾いていますから当然写真も傾いて写されます。図 1-17 を見て下さい。図は一般的な傾いた写真の幾何学を示しています。カメラのレンズ中心は、O（X_0, Y_0, Z_0）であらわされます。このレンズ中心の座標系 X', Y', Z'は、カメラ座標系といいます。傾いている写真は、このカメラ座標系が傾いているわけです。

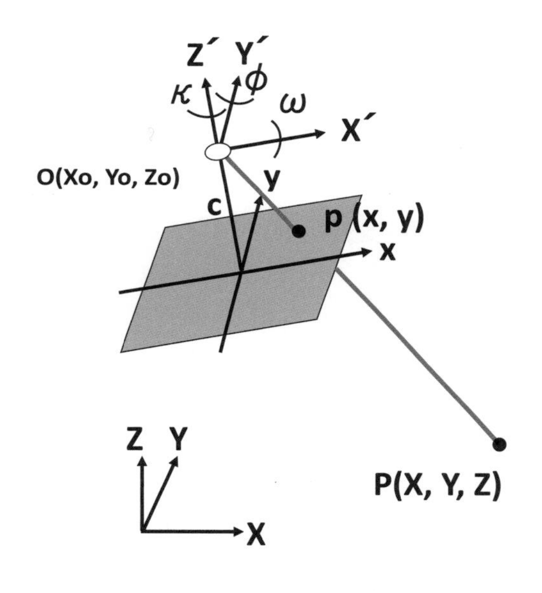

図 1-17 傾きのある写真

写真測量の基本式（共線条件式）

$$x = -cX' / Z'$$
$$y = -cY' / Z'$$

式 1-3

c / Z' :写真縮尺

ω, ϕ, κ ：傾き回転角

X_0, Y_0, Z_0: レンズ中心座標

$$\begin{bmatrix} X' \\ Y' \\ Z' \end{bmatrix} = R\omega\ \phi\ \kappa \begin{bmatrix} X - X_0 \\ Y - Y_0 \\ Z - Z_0 \end{bmatrix}$$

$R\omega\ \phi\ \kappa$ ：回転行列

カメラの傾きは、一般に進行方向を X 軸に取り、この X 軸の傾きは、X 軸の周りの回転角 **ω**（国際的にギリシャ文字**オメガ**で統一されている）で表します。**ロール角**ともいいます（横に傾くことを**ローリング**といいます)。進行方向に直角な方向は Y 軸で、この Y 軸の周りの傾きは、Y 軸周りの回転角 **ϕ**（同ギリシャ文字**ファイ**）で表します。**ピッチ角**ともいいます（上下に傾くことを**ピッチング**といいます)。天頂方向を Z 軸に取り、Z 軸の傾きは、Z 軸の周りの回転角 **κ**（同ギリシャ文字**カッパ**）で表します。**ヨー角**ともいいます（回転方向に傾くことを**ヨーイング**といいます)。

一般的に傾いた写真では、カメラの位置（X_0, Y_0, Z_0）と傾き（ω, ϕ, κ）の６つの変数が未知数になります。これらの変数は、写真測量の専門用語では**外部標定要素**と呼ばれています。式 1-3 に示しました基本式をさらに詳しく表しますと、式 1-4 の回転行列その 1、式 1-5 の回転行列その 2、式 1-6 の共線条件式その 1、式 1-7 の共線条件式その 2 のようになります。

これらの一連の式は共線条件式を構成する要素です。

$$R\omega = \begin{pmatrix} 1 & 0 & 0 \\ 0 & \cos\omega & -\sin\omega \\ 0 & \sin\omega & \cos\omega \end{pmatrix} \quad X\text{軸回りの回転角}$$

$$R\phi = \begin{pmatrix} \cos\phi & 0 & \sin\phi \\ 0 & 1 & 0 \\ -\sin\phi & 0 & \cos\phi \end{pmatrix} \quad Y\text{軸回りの回転角}$$

$$R\kappa = \begin{pmatrix} \cos\kappa & -\sin\kappa & 0 \\ \sin\kappa & \cos\kappa & 0 \\ 0 & 0 & 1 \end{pmatrix} \quad Z\text{軸回りの回転角}$$

式 1-4

$$R\omega\ \phi\ \kappa = R\omega R\phi R\kappa = \begin{pmatrix} a_1 & a_2 & a_3 \\ a_4 & a_5 & a_6 \\ a_7 & a_8 & a_9 \end{pmatrix}$$

式 1-5

$a_1 = \cos\phi\cos\kappa$　$a_2 = -\cos\phi\sin\kappa$　$a_3 = \sin\phi$

$a_4 = \cos\omega\sin\kappa + \sin\omega\sin\phi\cos\kappa$　$a_5 = \cos\omega\cos\kappa - \sin\omega\sin\phi\sin\kappa$　$a_6 = -\sin\omega\cos\phi$

$a_7 = \sin\omega\sin\kappa - \cos\omega\sin\phi\cos\kappa$　$a_8 = \sin\omega\cos\kappa + \cos\omega\sin\phi\sin\kappa$　$a_9 = \cos\omega\cos\phi$

$$x = -c\frac{a_1(X - X_0) + a_2(Y - Y_0) + a_3(Z - Z_0)}{a_7(X - X_0) + a_8(Y - Y_0) + a_9(Z - Z_0)}$$

$$y = -c\frac{a_4(X - X_0) + a_5(Y - Y_0) + a_6(Z - Z_0)}{a_7(X - X_0) + a_8(Y - Y_0) + a_9(Z - Z_0)}$$

式 1-6

前式を変形すると、次の共線条件式が導かれます。

$$X = X_0 + (Z - Z_0)\frac{a_1 x + a_4 y - a_7 c}{a_3 x + a_6 y - a_9 c}$$

$$Y = Y_0 + (Z - Z_0)\frac{a_2 x + a_5 y - a_8 c}{a_3 x + a_6 y - a_9 c}$$

式 1-7

さて、6つの未知変数である外部標定要素｛X_0, Y_0, Z_0； ω，φ，κ｝をどうやって求めたらよいでしょうか？ 1枚の単写真から外部標定要素を求めることを**単写真標定**と呼んでいます。数学的には、共線条件式は1点に対して2つあり、未知数は6つありますから、三次元座標（X, Y, Z）の分かっている点が3点以上あれば解けることになります（図 1-18 参照)。

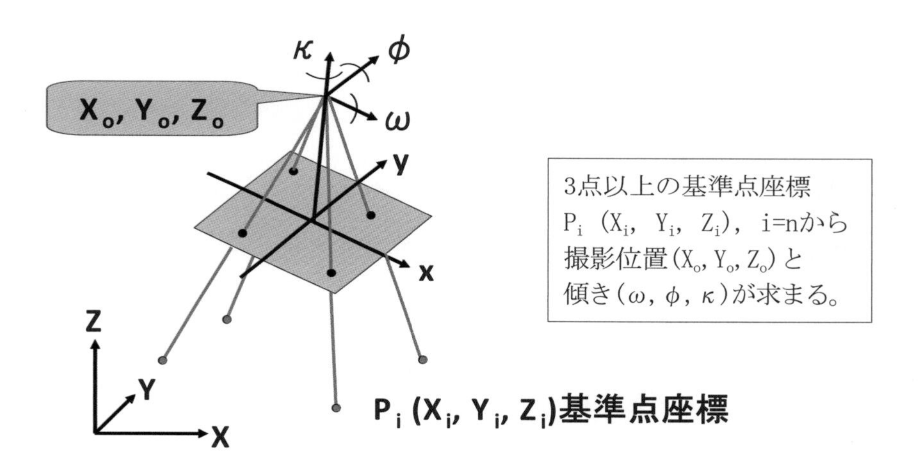

図 1-18 単写真標定

単写真標定はどういう場合に利用されるでしょうか？ 写真に写された被写体の中に三次元座標が既知あるいは測定可能な点が含まれていれば、その被写体に対して何処からどの方向に向かって写真を撮影したかを知ることができるのが単写真標定です。

例えば、大きな平面の壁面を持つビルの写真を撮影したとします。本来壁面は長方形なのに、写真では仰いで撮影したために、歪んだ四辺形に写されます。壁面の四隅の三次元座標を与えれば、カメラの位置とカメラの傾きが求められます。カメラの傾きを壁面に直角になるように変換すれば、長方形の壁面が得られます。同じように飛行機から地上を撮影したとします。写された地形の地図を探して、はっきり場所が分かる点を3点以上見つけて地図の上で三次元座標を読み取ります。こうすれば何処からどの方向で写真を撮影したか分かります。そして斜めに撮影した写真をあたかも鉛直下方に向けて撮影した写真に変換できます。

このように斜めの撮影方向を正しい方向（鉛直や水平方向）に変換することを**偏位修正**といいます。

一般に偏位修正は、傾きの内、y 軸の回転角であるピッチ角（ϕ）と x 軸の回転角であるロール角（ω）を修正します。

図 1-19 はピッチ角（ϕ）の場合の偏位修正を説明しています。ロール角（ω）についても同じような式で偏位修正ができます。

ロール角（ω）およびピッチ角（ϕ）の両方の傾きがある場合、まずピッチ角（ϕ）について図 1-19 に示した偏位修正の式 (1) に当てはめ、そこで得られた (x, y) をさらにロール角（ω）の偏位修正の式（2）に当てはめます。

図 1-20 は正方形を右方向に傾けて見た場合（ϕ =15°）とさらに上方向に傾けて見た場合（ω =-15°）、どのように歪むかを示したものです。傾いた写真を逆変換すれば正しい正方形が得られることになります。パワーポイントを投影するプロジェクターを傾けた時にこのような歪ができますね。偏位修正は、歪んだ長方形を歪んでいない長方形のスクリーンにするのと同じ原理です。

偏位修正は、図 1-21 に示しますように数学的には二次元の射影変換で表すことができます。傾いている写真座標系 X'Y'から傾いていない写真の写真座標系 XY に変換できます。係数 b_1 ～ b_8 の 8 つの係数は、両方の座標系で座標が既知の点を 4 点以上選べれば決定することができます。

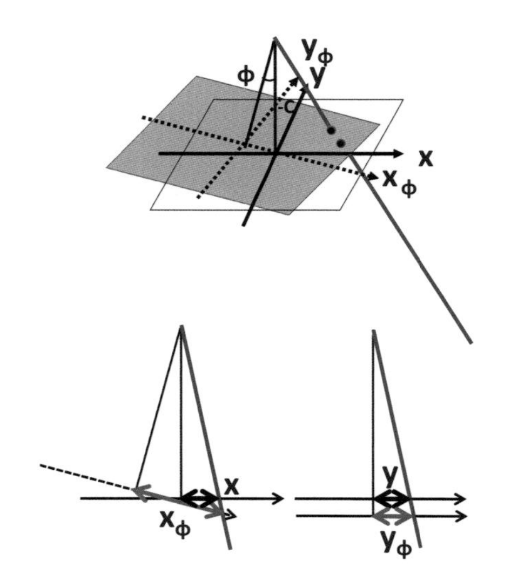

傾き：y 軸の回転角（ϕ）
傾きのある写真の座標：（x_ϕ, y_ϕ）
傾きのない写真の座標：（x, y）

$$x = \frac{x_\phi - c\tan\phi}{1 + x_\phi \tan\phi / c}$$

$$y = \frac{y_\phi \sec\phi}{1 + x_\phi \tan\phi / c} \qquad (1)$$

傾き：x 軸の回転角（ω）
傾きのある写真の座標：（x_ω, y_ω）
傾きのない写真の座標：（x, y）

$$x = \frac{x_\omega \sec\omega}{1 - y_\omega \tan\omega / c}$$

$$y = \frac{y_\omega + c\tan\omega}{1 - y_\omega \tan\omega / c} \qquad (2)$$

図 1-19 偏位修正の原理

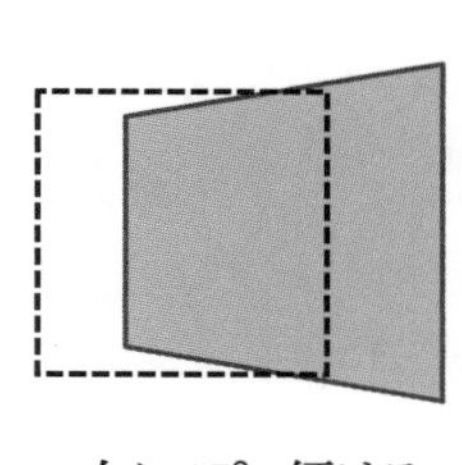

右に15°傾ける
$\phi=15°$

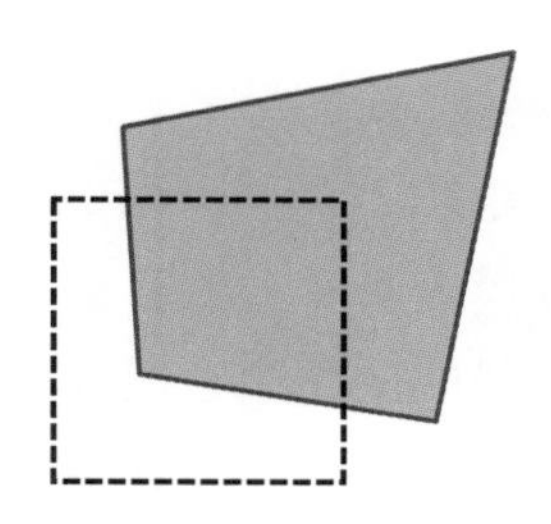

さらに上に15°傾ける
$\phi=15°$ and $\omega=-15°$

図 1-20 偏位修正された写真

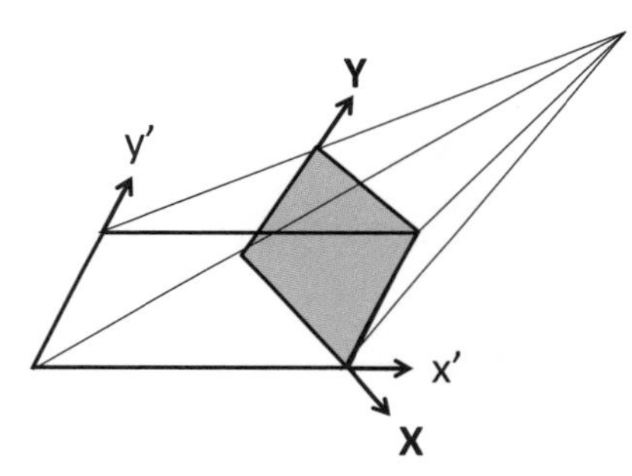

$$X=\frac{b_1x'+b_2y'+b_3}{b_7x'+b_8y'+1}$$

$$Y=\frac{b_4x'+b_5y'+b_6}{b_7x'+b_8y'+1}$$

図 1-21 二次元の射影変換

1.7 傾いたステレオ写真の幾何学

さていよいよ最も一般的な傾いたステレオ写真の幾何学について説明しましょう。数式は複雑ですが、実際にはデジタル写真測量システムがこれらの計算をしてくれます。したがってここではステレオ写真の幾何学の原理を理解するだけで、数式の詳細は飛ばしてもかまいません。

図 1-22 を見て下さい。ステレオ写真の両方が傾いています。カメラを手で持ってステレオ撮影すると、この状態になります。写真測量では最も一般的な場面です。

左右のカメラの位置と傾きはそれぞれ異なります。ステレオ写真測量の目的は、ステレオ写真に写された同一物体の像点（これを**ステレオ対応点**と呼ぶ）の写真座標 $\{(x_1, y_1); (x_2, y_2)\}$ から、三次元座標（X, Y, Z）を求めることです。そのためには、三次元座標系 XYZ の空間のなかで、左右のカメラの正確な位置 $\{(X_{01}, Y_{01}, Z_{01}); (X_{02}, Y_{02}, Z_{02})\}$ および傾き $\{(\omega_1, \phi_1, \kappa_1); (\omega_2, \phi_2, \kappa_2)\}$ を求めておかなければなりません。1 箇所のカメラについて 6 つずつの未知変量（**外部標定要素**）は、三次元座標が既知の点（これを**基準点**という）を測定したい対象と一緒に写し込んで、それらの写真座標{(x_i, y_i), i=1, n)}およびその三次元座標{(X_i, Y_i, Z_i), i=1, n}を式1-7に示した共線条件式に代入して求めます。共線条件式を解くのに必要な基準点の数は3点以上ですが、実際には数学的に必要な最少の基準点より多くの基準点を設置して最小二乗法により解きます。外部標定要素を求めることを**外部標定**といいます。基準点となる点には一般的に**標識**を置きます。デジタル写真測量では、黒字の背景に白の円形が最も正確にその中心の写真座標を計測できることが分かっています。円形の標識はコンピュータで自動的に認識され、その重心は、0.05～0.1画素の精度で自動計測されます。マニュアルで重心座標を計測するより10～20倍も良い精度で計測されます。これはデジタル写真測量の大きな利点となっています。正確な座標を写真測量で計測したいときは、基準点だけでなく測定点にも円形の標識を付けます。図1-23はデジタル写真測量で工業製品を計測する場合の多数の標識を貼りつけた例です。

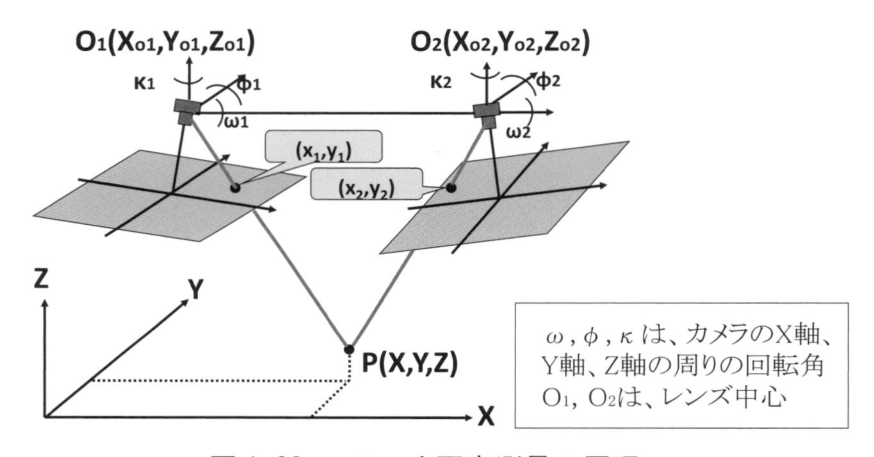

図1-22 ステレオ写真測量の原理

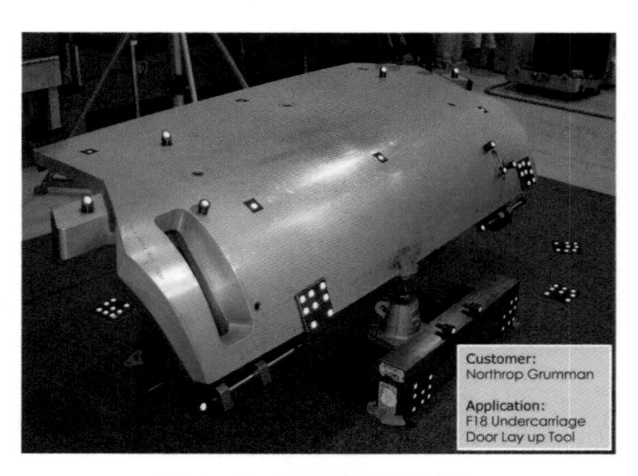

図1-23 円形標識の例

以上の知識を要約しますと、写真測量では、第 1 段階として基準点を利用して外部標定を行い、外部標定要素を求めた上で、第 2 段階として測定したい対象の写真座標を測定して対象の三次元座標を計算します。

外部標定要素を求めた後に、ステレオペアの写真座標 $\{(x_1, y_1); (x_2, y_2)\}$ を与えてその三次元座標 (X, Y, Z) を求めるときは、式 1-7 に示した共線条件式その 2 を利用して計算します。

1.8　相互標定

写真測量で使用されるステレオ写真の幾何学では、とても重要な相互標定と呼ばれる概念があります。**相互標定**とは、ステレオ写真を撮影した時と相対的に同じ空間的位置と傾きの関係を再現することをいいます。相対的に同じ空間的位置と傾きを再現するという意味は、対象の三次元座標系に関係なく、撮影した時の 2 つのカメラの位置と傾きのみを再現することです。一般的には 2 つのカメラのレンズ中心を結ぶ軸を相対座標系（**モデル座標系**と呼ぶ）の X 軸に選び、カメラ間の距離、すなわち基線長を単位長さ 1 に取ります。図 1-24 を見て下さい。2 つのカメラの相対的な傾きは、κ_1, ϕ_1, κ_2, ϕ_2, ω_2 の 5 つの未知変量で表すことができます。この 5 つの未知変量を求めるには、5 点以上の互いに対応する点（**標定点**または**パスポイント**と呼ぶ）があれば求めることができます。

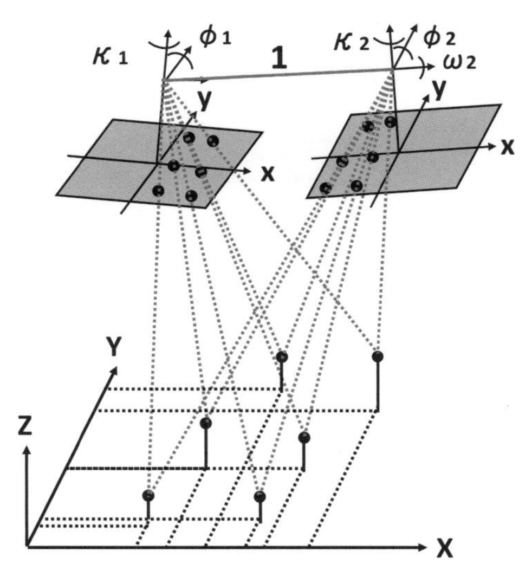

5点以上の像点の写真座標があれば光線の交会条件によりステレオ写真の相対的な傾き関係 (κ_1, ϕ_1, κ_2, ϕ_2, ω_2) が求められる。

図 1-24 相互標定

相互標定の未知変量は、標定点のステレオ対応点の写真座標だけで解くことができます。基本になる原理は、図 1-24 に示すように、5 点以上のステレオ対応点がことごとくモデル座標系で交会することです。そのためには図 1-25 のように、左のカメラのレンズ中心 $O_1(X_{01}, Y_{01}, Z_{01})$、右のカメラのレンズ中心 $O_2(X_{02}, Y_{02}, Z_{02})$、左の写真の像点 $p_1(x_1, y_1)$（モデル座標系では (X_1, Y_1, Z_1)）、右の写真の像点 $p_2(x_2, y_2)$（モデル座標系では (X_2, Y_2, Z_2)）の 4 点が同一平面にあるという条件を満足する必要があります。4 点が同一平面にあれば、2 本の光束 (O_1P_1, O_2P_2) は必ず交会することになります。このように同一平面を共有する条件のことを写真測量では**共面条件**と呼んでいます。

共有する同一平面がステレオ写真を切断する線を**エピポーラライン**（または**共役線**と呼んでいます。この切断面を**エピポーラ面**と呼びます。エピポーララインの上にあるステレオ対応点は、モデル座標系の x 軸に平行になり、y の値が同じになります。前に述べた専門用語で言えば縦視差がゼロになります。デジタル写真測量では、互いに傾いたステレオ写真に相互標定を実施し、縦視差のないようにエピポーラライン上に写真画像を並べ直す作業が行われます。この作業によりステレオ対応点の自動探索（**ステレオマッチング**と呼ぶ）が行われます。

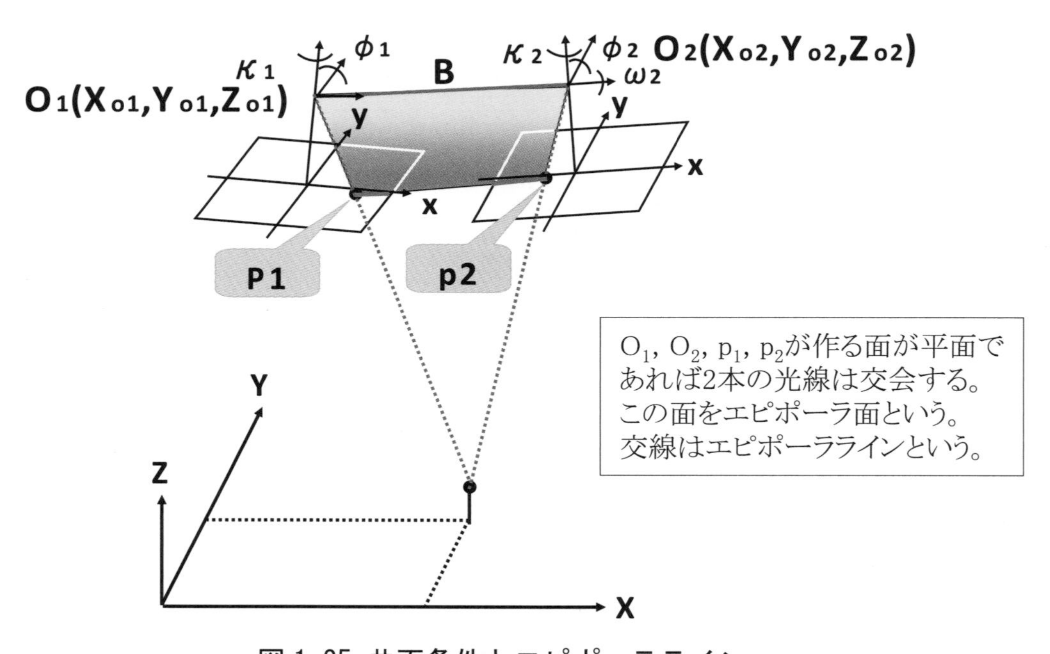

図 1-25 共面条件とエピポーラライン

共面条件式（相互標定）

$$\begin{vmatrix} X_{01} & Y_{01} & Z_{01} \\ X_{02} & Y_{02} & Z_{02} \\ X_1 & Y_1 & Z_1 \\ X_2 & Y_2 & Z_2 \end{vmatrix} = \begin{vmatrix} 0 & 0 & 0 \\ B & 0 & 0 \\ X_1 & Y_1 & Z_1 \\ X_2 & Y_2 & Z_2 \end{vmatrix} = 0$$

$$\begin{vmatrix} Y_1 & Z_1 \\ Y_2 & Z_2 \end{vmatrix} = Y_1 \cdot Z_2 - Z_1 \cdot Y_2 = 0$$

$$\begin{bmatrix} X_1 \\ Y_1 \\ Z_1 \end{bmatrix} = R_{\phi 1} R_{\kappa 1} \begin{bmatrix} x_1 \\ y_1 \\ -c \end{bmatrix}$$

$$\begin{bmatrix} X_2 \\ Y_2 \\ Z_2 \end{bmatrix} = R_{\omega 2} R_{\phi 2} R_{\kappa 2} \begin{bmatrix} x_2 \\ y_2 \\ -c \end{bmatrix} + \begin{bmatrix} 1 \\ 0 \\ 0 \end{bmatrix}$$

式 1-8

視差方程式

$$-x_1 \Delta \kappa_1 + x_2 y_2 / c \cdot \Delta \phi_1 + x_2 \Delta \kappa_2 - y_1 x_2 / c \cdot \Delta \phi_2 + (c + y_1 y_2 / c) \Delta \omega_2 = 0$$

式 1-9

式 1-8 は共面条件式の数式を示していますが、難しいと思ったら飛ばして原理の意味だけを理解してもらえば十分です。式 1-9 で示した視差方程式に 5 点以上のステレオ対応点の写真座標を与えれば、最小二乗法で 5 つの未知変量を求めることができます。

さて相互標定は、相対的なモデル座標系でしか標定されていませんから、対象物と同じ三次元座標系の位置と傾きの関係にする必要があります。このためには、対象物の三次元座標が既知の基準点を設置して、標定を行います。対象物の三次元座標系での標定を、相互標定に対して**絶対標定**と呼んでいます。絶対標定は、図 1-22 で示したステレオ写真の原理により直接的に外部標定を求める方法と、相互標定してから絶対標定をする 2 段階標定の方法があります。一般的には、三次元測定を自動化するステレオマッチングを実現可能とするため、相互標定をした後に絶対標定を実施する方法が採用されます。しかし、工業計測のように対象物の点の三次元座標だけを計測したい場合には、相互標定をせずに直接外部標定あるいは絶対標定を行う方法が採用されます。

1.9　マルチイメージによるバンドル調整

写真測量の大きな利点のひとつに複数枚のマルチイメージを同時に絶対標定するいわゆる**バンドル調整**と呼ばれる同時解法があります。図 1-26 を見て下さい。この図では４枚の写真が描かれています。マルチイメージに撮影された像点を通る光束（バンドルと呼ぶ）がそれぞれ交会する拘束条件を利用しています。複数個のカメラのレンズ中心 $O_i\{(X_{0i}, Y_{0i}, Z_{0i}), i=1, n\}$ およびカメラの傾き $\{\omega_i, \phi_i, \kappa_i, i=1, n\}$ が未知変数になります。基準点の三次元座標および写真座標を前に示した共線条件式に入力して、非線形連立方程式の同時解を求めます。とても難解な方程式ですが、コンピュータのソフトが迅速に解いてくれます。現在では数百枚のマルチイメージでも数分以内に解いてくれます。近接写真測量では、対象を全周撮影した時などでバンドル調整が利用されます。航空写真測量では、必ずバンドル調整が利用されています。

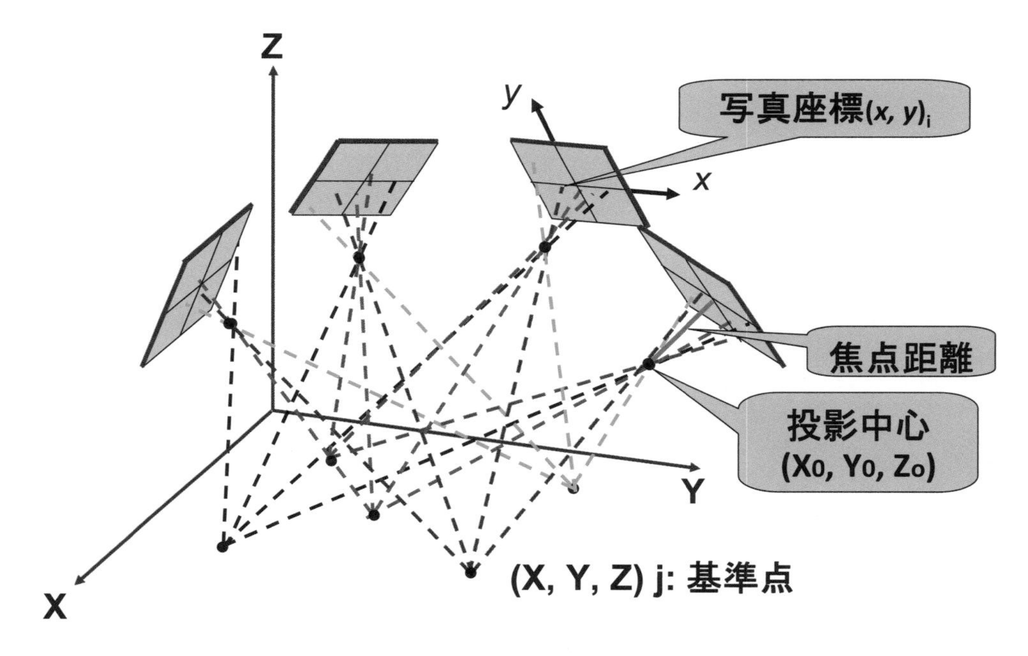

図 1-26 バンドル調整

1.10　標定

写真測量の基礎のまとめとして、標定についてまとめておきます。**標定**（Orientation）とは、写真測量の基本となる共線条件式を成り立たせるために、焦点距離、主点位置、レンズ歪などカメラ内部の諸要素（**内部標定要素**と呼ぶ）を定め（これを**内部標定**と呼ぶ)、さらに写真撮影が行われた時のカメラの位置や傾きなど(これを**外部標定要素**と呼ぶ)により空間的位置関係を再現する(これを**外部標定**と呼ぶ)ことをいいます。

標定の種類を列挙しますと下記のようになります。

1)　内部標定:求める内部標定要素:c, x_p, y_p, K_1, K_2, K_3, P_1, P_2
内部標定要素は、カメラキャリブレーションによって,焦点距離(c)、主点位置のずれ(x_p, y_p)、レンズ歪(K_1, K_2, K_3, P_1, P_2)を決定します(第5章参照)。

2)　相互標定:求める相互標定要素:
A7型図化機相互標定の場合:B_X, B_Y, B_Z, ω, ϕ, κ
A8型図化機相互標定の場合:ϕ_1, κ_1, ω_2, ϕ_2, κ_2
5つの相互標定要素は、5点以上の**パスポイント**(左右のステレオ写真の対応する像点)の写真座標を測定することにより決定されます。相対的に撮影されたステレオ写真の撮影状態を再現されますが、まだ測定対象物の座標系にはなっていません。相互標定で得られる座標系は、**モデル座標**といいます(図1-24参照)。

3)　接続標定:接続標定要素:X_0, Y_0, Z_0, ω, ϕ, κ, S
接続標定は、多数枚の写真を連続して重複撮影した場合、2枚一組のステレオ写真から作られるモデル座標を統一されたモデル座標系に接続して変換することをいいます。接続標定要素は、平行移動量(X_0, Y_0, Z_0),回転角(ω, ϕ, κ)および縮尺(S)です。接続するためには、隣り合うモデル座標に共通の点(これを**タイポイント**と呼ぶ)が最少3点を必要となります。

4)　単写真標定:求める外部標定要素:X_0, Y_0, Z_0, ω, ϕ, κ
単写真標定は、地上座標系で設けられた3点以上の基準点の地上座標およびそれに対応する写真座標を測定して、撮影した時のカメラの位置(X_0, Y_0, Z_0)およびカメラの傾き(ω, ϕ, κ)の6つの外部標定要素を決定します(図1-18参照)。

5)　絶対標定:絶対標定要素:X_0, Y_0, Z_0, ω, ϕ, κ, S
絶対標定とは、接続標定によって統一されたモデル座標系を与えられた基準点の地上座標及び対応するモデル座標を与えて、平行移動量X_0, Y_0, Z_0、回転角(ω, ϕ, κ)および縮尺(S)を求めてモデル座標系から地上座標系に変換します。絶対標定という用語は、相互標定に対応する時に使われます。前に述べた外部標定のひとつの形態です。

6)　バンドル調整:図1-26参照
外部標定要素:X_{0i}, Y_{0i}, Z_{0i}; ω_i, ϕ_i, κ_i; i=1, n
標定点の地上座標:X_j, Y_j, Z_j; j=1, m
バンドル調整は、多数枚(ここではn枚とする)の重複撮影された写真のそれぞれのカメラ位置（X_{0i}, Y_{0i}, Z_{0i}）およびカメラの傾き（ω_i, ϕ_i, κ_i）を基準点（m 点）の地上座標および基準点、パスポイント、タイポイントなどの標定点の写真座標を入力して、それぞれのカメラの外部標定要素（X_{0i}, Y_{0i}, Z_{0i}; ω_i, ϕ_i, κ_i; $i=1, n$）および標定点の地上座標（X_j, Y_j, Z_j; $j=1, m$）の未知変数の同時解を求めます。相互標定を経ずに直接バンドル調整をすることもできます。一般的には、精度管理や計算処理上、相互標定をしてからバンドル調整をします。また、相互標定、接続標定および絶対標定をしてから得られた変数を近似値にしてからバンドル調整を当てはめたりします。モデルの複雑さによって、直接バンドル調整を適用するかしないかを決めます。

7)　セルフキャリブレーション付きバンドル調整：

外部標定要素：X_{0i}, Y_{0i}, Z_{0i}; ω_i, ϕ_i, κ_i; $i=1, n$

標定点の地上座標：X_j, Y_j, Z_j; $j=1, m$

内部標定要素：c, x_p, y_p, K_1, K_2, K_3, P_1, P_2

セルフキャリブレーション付きバンドル調整とは、外部標定要素および標定点の地上座標を未知変数にして同時解を得るだけでなく、本来カメラキャリブレーションで決定する内部標定要素も未知変数にして同時解を得る方法です。この方法は、品質の高くない航空カメラを使った航空写真測量や宇宙写真測量で使われます。内部標定要素が未知のカメラに対しても使われます。市販カメラを使う地上型のデジタル写真測量では、標準的な操作として、カメラキャリブレーションを先にしてから通常のバンドル調整を採用することをお勧めします。

第2章　デジタル写真測量に必要な機材

デジタル写真測量、特に近接写真測量に必要な機材を説明します。まずデジカメが必要です。いろいろ特殊なデジカメもありますが、この本では市販カメラを勧めます。市販カメラにも、携帯電話のデジカメ、コンパクトカメラ、一眼レフカメラなどがあります。携帯電話に付いているデジカメでもコンパクトカメラでもデジタル写真測量はできます。しかし、この本では、マニュアルで焦点を固定にできる一眼レフカメラを推奨します。コンパクトカメラは、ズームやオートフォーカスが自動的に作動しますので、写真測量で一番大切な焦点距離がその都度変わってしまう恐れが生じます。

次に必要なものは、基準点や測定点に使う円形標識です。標識の大きさは、円の直径が最低10画素に写る大きさが必要です。コンピュータも必要ですが、ノートパソコンで十分です。三次元の座標を求めるだけなら、普通のパソコンだけで良いですが、立体視をして詳細な作図をしたい場合は、**ステレオモニター**（3D **表示モニター**とも呼ばれる）が必要になります。それから、デジタル写真測量のソフトが必要です。ソフトは、大きくカメラキャリブレーションのソフトとデジタル写真測量ソフト（バンドル調整などの標定や3Dモデル作成のソフト）が必要です。成果品を画像出力するのに、カラープリンターも必要でしょう。

図2-1はデジタル写真測量に必要な主な機材を示したものです。

以下に必要機材について詳細を説明します。

図 2-1 デジタル写真測量システム（株式会社トプコン提供）

2.1　市販カメラ

2.1.1　デジカメの種類

図 2-2 は市販のコンパクトカメラと一眼レフカメラを示したものです。いずれも解像力は 1000 万画素を上回る状態ですから、それほど差はありません。大きな相違は、レンズにあります。コンパクトカメラは焦点距離が 30mm 以下で、一般に一眼レフの 30 ～ 80mm より小さな値です。写真測量では焦点距離が写真縮尺に影響を及ぼします。携帯電話に付いているデジカメは 10mm 以下の焦点距離でさらに写真縮尺は小さくなります。写真縮尺が小さければその分、精度は低下します。もう一つ問題なのは既に述べましたがコンパクトカメラはズームが効くので、被写体までの距離によって、焦点距離がその都度異なってしまいます。レンズ歪や焦点距離を補正するカメラキャリブレーションがなされた時の距離でないと、カメラキャリブレーションの値を使うことができなくなります。その点、一眼レフはマニュアルで焦点距離を固定することができます。すなわち、カメラキャリブレーションをした時と実際の撮影の時と同じ条件にすることができます。そのため精度が向上します。

図 2-2 コンパクトカメラと一眼レフカメラ

推奨する一眼レフカメラの一般的条件は下記の通りです。

1)　十分な解像力があること。今のカメラは 500 万画素以上のものが普通ですから問題はないでしょう。

2)　画素の構成が正方格子でできていること。カメラによってはハチの巣構造（「ハニカム構造」とも呼ばれる）になっているものがあります。正方格子でないと正確な写真座標の測定が不可能になります。

3)　焦点距離が適切であること。適切な焦点距離は 35mm とか 50mm くらいの値です。長くても 80mm 程度にしましょう。100mm を超す望遠レンズは避けます。30mm 以下の広角レンズも避けた方がいいです。これより小さな焦点距離のカメラでも写真測量は可能ですが、精度は低下します。

4)　画質が良いこと。写真測量では写真の画質は最も大切です。特に焦点が合ってシャープに写る事が重要です。画像にニジミやボケがあるのは不適切です。カメラには様々な収差があります。できるだけ収差の少ないカメラまたは収差を補正しているカメラを推奨します。

5)　画素の大きさが明示しているもの。デジカメの画素の大きさは、1.5〜7 μ（ミクロン）ですが、写真座標の計算には正確な画素の寸法があった方がいいです。

一眼レフカメラとは、図 2-3 に示しますように、撮影に使用するレンズと固体撮像素子の間に鏡を置いて光路を切り替える（レフレックス）ことで、実際に撮影されるイメージを予めファインダーで確認することができるカメラをいいます。撮影用の光学系とファインダー用の光学系が一系統（一眼）であるため、ファインダーから見える像が撮影される写真の像とほぼ一致します。

利点を下記に列挙します。

1)　撮影用のレンズを交換することができ、多くの画角が得られ、多様な撮影ニーズに応えることができます。また、多種類のコンパクトカメラを揃えるよりは経済的で、操作性が変わることもないので安心して使用できます。

2)　固体撮像素子は画素サイズの大きいものが採用される傾向にあり、受光量も多くノイズも抑えられ、画質の良い画像を撮影することができます。

3)　ファインダーの位置と固体撮像素子の位置のずれから生ずる被写体の見え方の違いがないため、ファインダーで見ているのと、ほぼ同じ写真を撮影することができます。

4)　結像面と光学的に同じ位置にフォーカシングスクリーンを設けられていて、厳密なピント合わせができます。といっても計測用カメラでは画面距離を変えることはできませんので、被写体とカメラの距離、いわゆる対物距離を変えることでピント合わせをしなければなりません。

5)　一般には一眼レフカメラは高級品で、その分、質の良い素材、例えば品質の高いレンズや固体撮像素子が使われ、各種の組み込み機能も操作でき、安心して使用することができます。

欠点を下記に列挙します。

1)　反射鏡やペンタプリズムなどの内部機構の分だけカメラ本体が大きく、かつ重くなります。

2)　反射鏡が上下作動する空間が必要となり、特に広角レンズなどバックフォーカスが短いレンズでは使用に制限が生じます。

3)　撮影時に鏡の跳ね上がりに伴って振動と大きな音が発生することがあります。

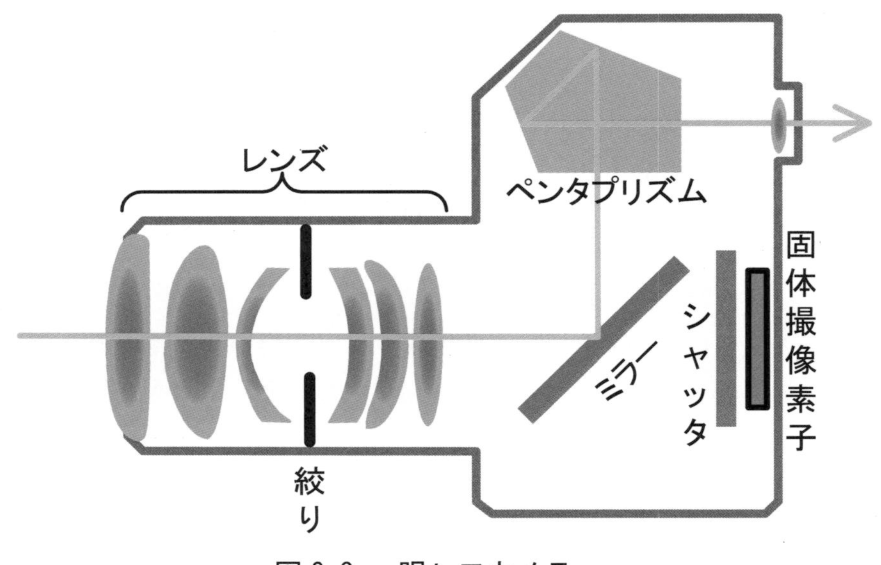

図 2-3 一眼レフカメラ

コンパクトカメラ（図 2-4 参照）は、これまで一般に一眼レフカメラに対して写真を撮影する光学系と撮影範囲を確認するファインダーの光学系が異なるものを指していました。現在のデジタルカメラでは、写真を結像させるための固体撮像素子の画像を液晶画面にも映し出して撮影範囲を確認できるようになっていますので、ファインダー機構には一眼レフカメラとの違いはなくなっています。そのため現在ではその名の通り、レンズが作り付けになっていて、撮影の自動化が進み、誰が使用してもそれなりの写真が撮影できるコンパクトなカメラとして一眼レフカメラとは区別されているようです。

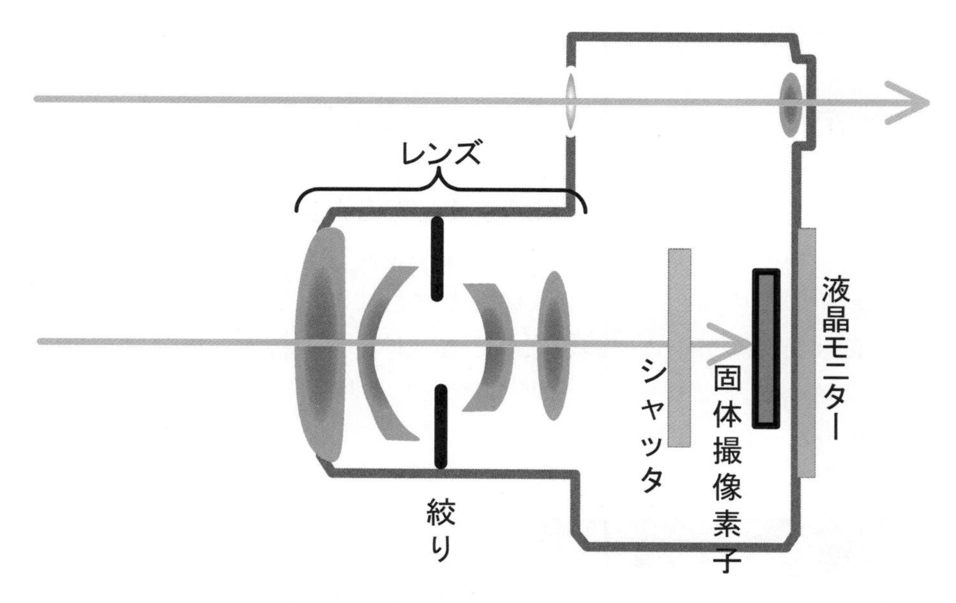

図 2-4 コンパクトカメラ

利点を下記に列挙します。

1)　操作が簡単で携帯性に優れています。

2)　安価なモデルが用意されているのも特徴です。

3)　固体撮像素子の大きさが小さく、焦点距離も短いため、被写界深度が深くピントが合わせやすくなっています。

4)　液晶画面がヒンジを用いてある程度自由にカメラ本体との角度を変更することができるものは、従来のカメラが苦手としてきたような極端なアングルでも撮影できます。

欠点を下記に列挙します。

1)　性能は重視されていません。

2)　レンズの交換はできず、ズームレンズの装備が主流です。

3)　液晶画面によるファインダーは、光学ファインダーに比べ解像度が劣り正確なピント合わせをするのには不十分です。晴天時の屋外などのような明るいところでは視認性が悪くなり、機種によっては表示にタイムラグがあったり、多大な電力を消費したりすることもあります。

コンパクトカメラの機能をそのままに、防水・防塵・耐衝撃性などを向上させたカメラに土木などの現場用の工事用カメラが存在します。これも単焦点のものはないようですが、頑丈に作られている分、レンズと固体撮像素子の関係は安定しています。

2.1.2　レンズの収差

デジカメの画質に大きく影響するレンズの収差に関する知識を知っておく必要があります。収差は、レンズを通して結像面に像が結像されるときにボケや歪みを生じることをいいます。レンズ収差があると、点を写した時に点像になりません。大きな収差には色収差があります。色はそれぞれ波長が異なりますからレンズでの屈折率が異なります。そのため図 2-5 に示しますように色によって結像位置が異なります。波長の長い赤色は屈折率が小さいので焦点距離は長くなります。青色はその逆です。また色によって倍率が異なります。殆どのデジカメは色収差の補正をしていますから、現実には問題になることはありません。

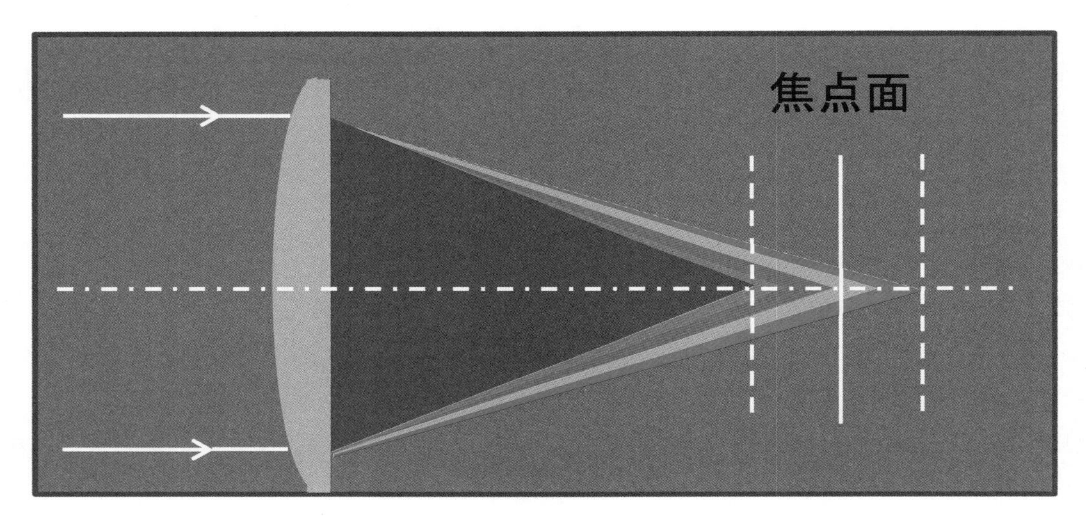

図 2-5　色収差

単色の収差のおもなものは次の５つです。この５つの収差は発見した科学者の名前を付けてザイデル収差と呼ばれます。

1)　球面収差：光軸上の１点から出た光が像面において１点に集束しない収差をいいます。入射点の光軸からの距離によって集光点の光軸方向の位置が変わるために起こります。

2)　コマ収差：光軸外の１点から出た光が像面において１点に集束しない収差をいいます。入射点の光軸からの距離によって像の倍率が変わるために起きます。

3)　非点収差：光軸外の１点から出た光による同心円像と放射線像の結像点が一致しない収差をいいます。

4)　像面湾曲：平面の物体の像面が湾曲してしまう収差をいいます。

5)　歪曲収差：方形の物体が方形の像を結ばず、樽（タル）型、または糸巻型などになる収差をいいます。一般に放射方向に像が歪みます。

図 2-6 は、上に述べたいろいろな収差を分かりやすく示したものです。図に示した収差は、写真測量では、焦点距離、主点位置（光軸が結像する位置）、レンズ歪（特に歪曲収差）に大きな影響を及ぼします。

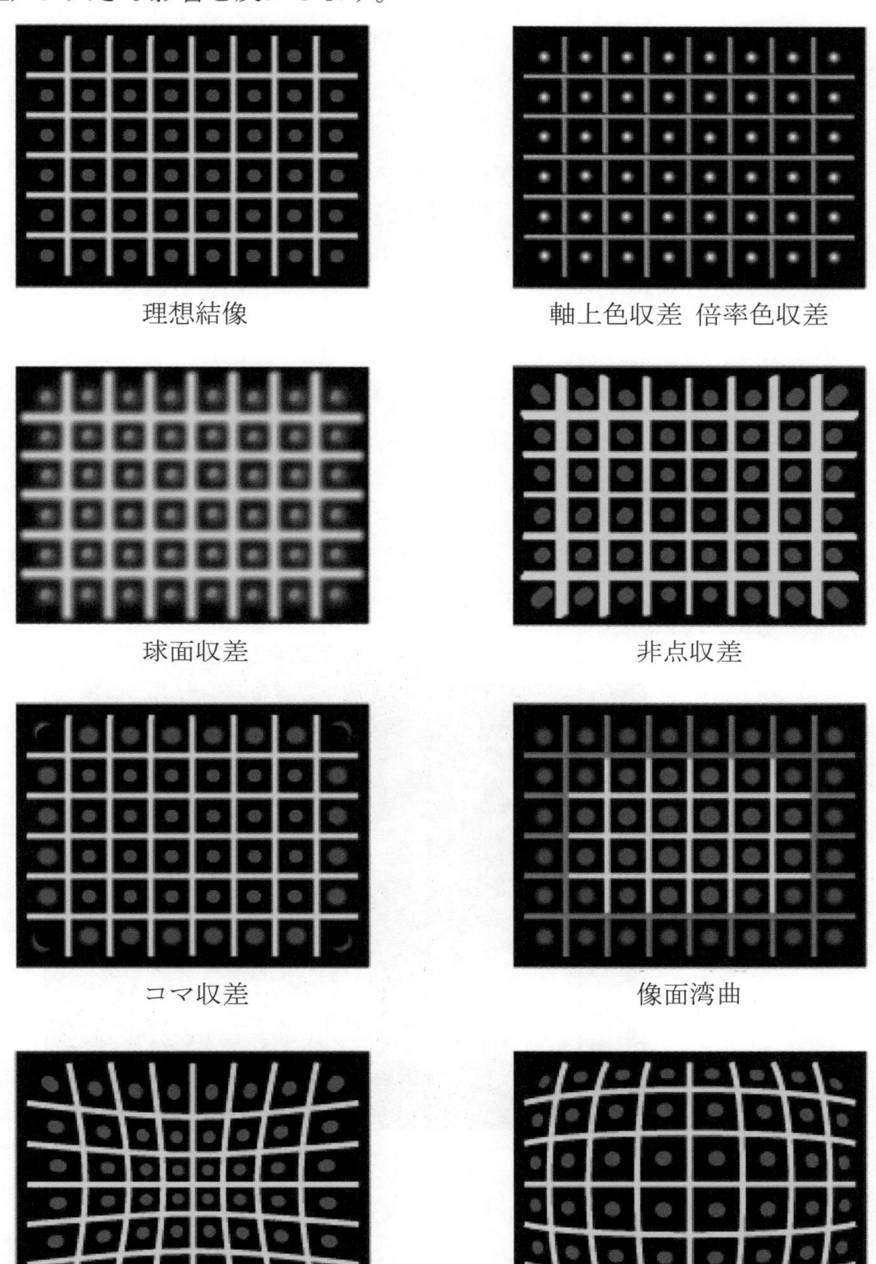

図 2-6 いろいろな収差

カメラに使われるレンズは、一般に単レンズではなく、複数のレンズが複雑に組み合わされています。これはいろいろな収差を少なくするために行われます。製造過程で１台ごとにわずかな差が出ます。ですから焦点距離や収差（特にレンズ歪）は微妙に異なります。後で述べるカメラキャリブレーションは１台ごとに必要になります。

図 2-7 は実際のカメラで複数枚のレンズが使われている様子を示しています。レンズ中心の位置（または主点の位置)、焦点距離およびレンズ歪が正確には分かっていません。これらのパラメータは写真測量ではとても重要なパラメータですので、カメラキャリブレーションをして、これらのパラメータを正確に求める必要があるのです。すなわち市販のデジカメをデジタル写真測量に利用する場合には、カメラキャリブレーションは避けることはできません。

図 2-8 は複数レンズの幾何学を誇張して示しています。物体面の一点 O_θ は前側レンズのレンズ中心 N_1 を通り、後側レンズのレンズ中心 N_2 を通って像面の I_θ に像を結びます。しかし実際には収差のために、I_θ' に像を結びます。そのため、物体から出た光は、レンズ中心を通って像点まで直線であるという共線条件を満足するわけではありません。このことからもカメラキャリブレーションが必要なことが分かるでしょう。

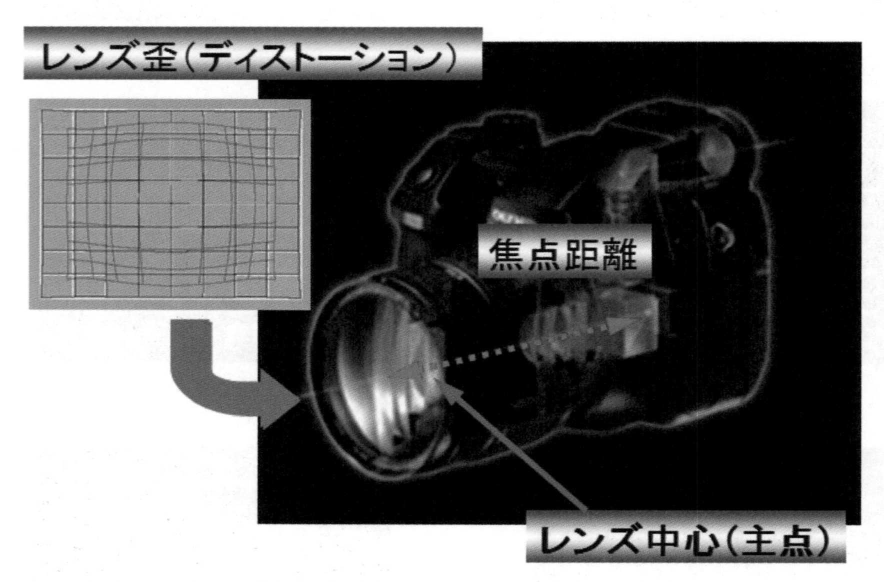

図 2-7 実際のカメラの構造とレンズ収差（株式会社トプコン提供）

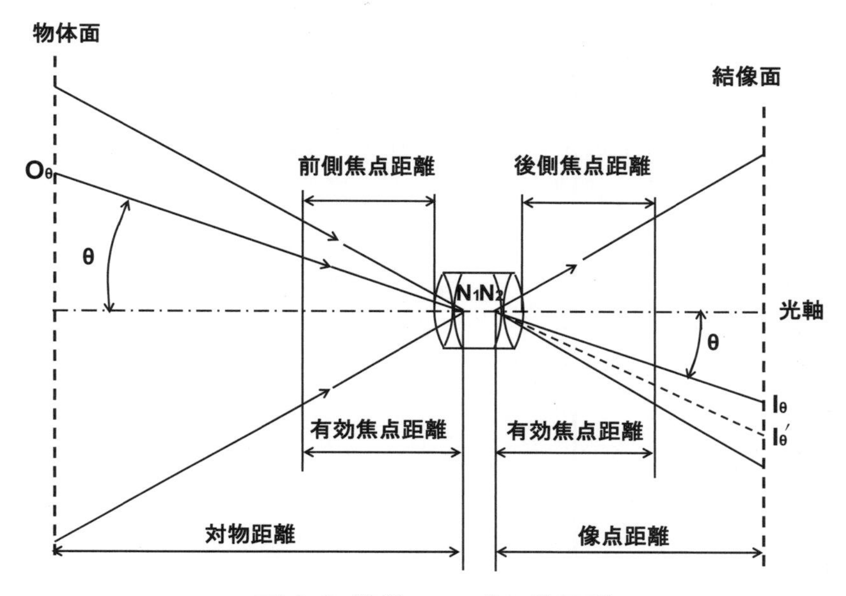

図 2-8 複数レンズの幾何学

2.1.3　レンズの種類

レンズの性能は、そのレンズの明るさと分解能で決ります。明るいレンズほど口径（正確には瞳の径）が大きく、光を多く取り込め実物に忠実な色を再現することができます。そのレンズの明るさは、開放のときのF値で表わされます。**F値**は、焦点距離を有効口径で割った値をいいます。レンズの明るさを表す指標に使われます。有効口径が大きいほど光を多く集められます。したがってF値が小さいほどレンズの明るさは大きくなります。分解能は等幅の白と黒の縞模様を分離できる最小の縞の幅で表わしますので、数値が小さいほど、レンズ性能が優れていることを意味します。一般的にF値の小さい明るいレンズが良いとされます。

一般に良いレンズは、画面の隅まで分解能が高く、周縁部でも光量が落ちない平坦な明るさで、歪曲収差の少ないレンズです。一眼レフカメラでは設計が自由で価格の設定もしやすいことから、良いレンズが用意されています。一方、コンパクトカメラでは大きさの制約の中で製造されますので、レンズの性能はあまり期待できません。

レンズの種類は焦点距離の長短によって、広角レンズ、標準レンズ、望遠レンズなどと分けられます。本書でもこれにしたがっていますが、画面サイズの異なるカメラ間では画角に対する焦点距離が異なるため、レンズの分類を焦点距離だけで説明するのは適当とはいえません。特にレンズ交換式のデジタル一眼レフカメラでは同じレンズマウントでも画像サイズが異なるカメラが多くあり、これらのカメラでは同一のレンズを装着しても画角が変化するため注意が必要です。より厳密には、画角の 45 度を標準レンズとし、これより大きな角度のレンズを広角レンズ、小さな角度のレンズを望遠レンズとして区別されています。

画角とは、図 2-9 に示しますように、被写体が写る範囲をレンズ中心から固体撮像素子の対角線によって得られる角度で表したものです。画像サイズの大きいほど、焦点距離が短いほど、画角は広くなります。

レンズの分類は単焦点レンズ、ズームレンズ、特殊レンズに分けられます。

単焦点レンズは、焦点距離が変動しないレンズをいい、大きく分けて広角レンズ、標準レンズ、望遠レンズに分類できます。図 2-10 に示しますように焦点距離によって、広角レンズ、標準レンズ、望遠レンズに分けられます。単焦点レンズはズームレンズに比べて開放 F 値が小さく、明るいものが多いのが特徴です。F1、F1.2、F1.4、F1.8 などは単焦点にしか存在しません。

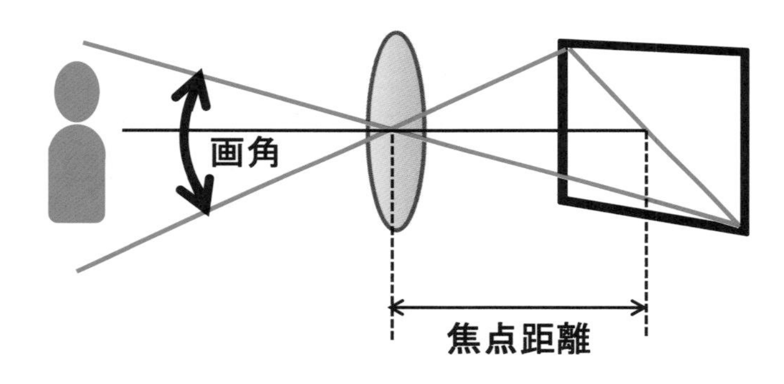

図 2-9 画角

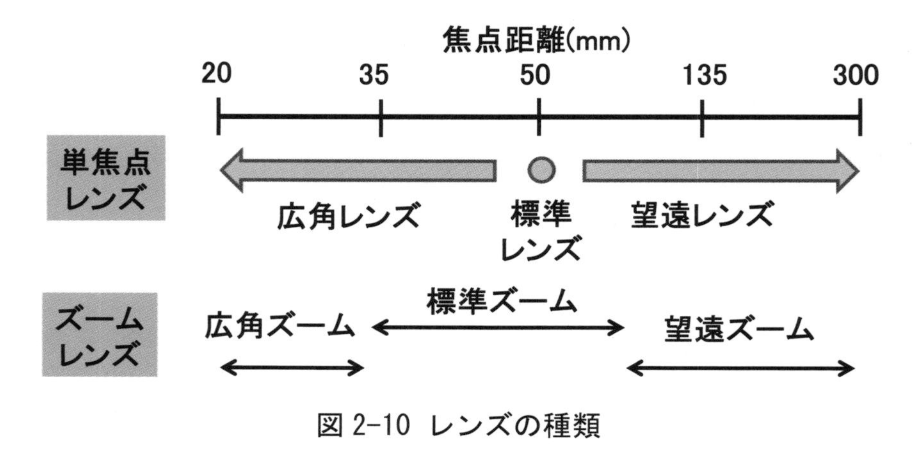

図 2-10 レンズの種類

標準レンズは、焦点距離が43mm〜55mmで、一般には50mmをいいます。画角でいえば約45度です。レンズの中では一番見たままに近い画像を撮影することができます。遠くも近くもそれなりに見えるとともに、近すぎたり遠すぎたりするとよく見えなくなります。

広角レンズは、焦点距離が14mm〜35mmで、一般には28mm、35mmをいいます。これ以上の画角のものは超広角レンズと呼び分けます。人間が見た感覚に近い範囲で撮影でき、狭い部屋での集合写真撮影などに利用されます。被写界深度が深いのでピントが合いやすく鮮明に見えます。一方、画面の周縁に行くほど湾曲率が大きくなりますので、複雑なレンズの組み合わせで湾曲しないように修正されています。それでもレンズが被写体に対して垂直に向き合っているのが基本で、それから逸れると画像が歪んできます。これらの特徴から35mmなどは、速写性が必要なスナップに多用されます。計測への利用にあたっては、特にレンズ周縁部の歪みの影響がどのくらいでるか注意が必要です。

望遠レンズは、焦点距離が60mm〜1200mmのレンズで、60〜105mmを中望遠、105〜200mmを望遠、200〜1200mmを超望遠と細分類されます。遠くのものを拡大、あるいは手前に引き寄せて写すことができます。また、手前のものも奥のものも同じ大きさに写るため、遠近感が少なく（これは「圧縮効果」と呼ばれる）なってしまいます。焦点距離が長くなるほど、被写界深度が浅くなるため、精密なピント合わせが必要となるとともに手ぶれには注意が必要となります。したがって、ピント合わせを直接確認できる一眼レフカメラで三脚を用いて使用することが望まれます。これらのレンズの特徴から三次元測定には、標準レンズの使用を勧めます。

ズームレンズは、焦点距離を自由に変動させることができるレンズをいい、F値が変動するものと固定されているものとがあります。選択肢が多く、現在では一般的なレンズといえばこのズームレンズを指します。

ズームレンズも単焦点レンズと同様に大きく分けて、標準系ズームレンズ、広角系ズームレンズ、望遠系ズームレンズに分類できます。

標準系ズームは、焦点距離が一般には広角側が28mm、望遠側が70〜80mmですが、最近は24mm〜105mmのレンズのものをいいます。F値の変動するものだと、非常に安価でコンパクトなものがあります。広角から中望遠までをカバーするので、非常に使いやすいレンズです。

広角系ズームは、焦点距離が17mm〜35mmのレンズです。このクラスは画角が広いため、ちょっとしたことでフレアやゴーストが起こります。

望遠系ズームは、焦点距離が70mm〜500mmのレンズで、中望遠〜超望遠までをカバーします。一般には70〜300mmズームでF値変動型（例えば広角側F3.5、望遠側F5.6）です。大口径で全域F2.8のものは70〜200mmズームしか選択肢はなく、この領域は単焦点レンズの方が優れています。このクラスはサイズ、重量などがかなり大きく、カメラ本体より重く、レンズを安定させるためにレンズに直接三脚を付ける必要のあるものもあります。

標準系ズーム、広角系ズーム、望遠系ズームの全域をカバーする10倍越えレンズに、高倍率ズームレンズがあります。焦点距離28mm〜500mmをカバーするレンズです。あまりにも高倍率なためか画質はそれほど良くはありません。やはり単焦点レンズを幾つか用意した方が賢明でしょう。

2.1.4　固体撮像素子

デジカメで知っておかなければならいことは、アナログカメラのフィルムに相当する固体撮像素子についてです。**固体撮像素子**は、半導体素子の製造技術を用いて集積回路化された光電変換素子をいいます。光を電気信号に変換しますので、最終的にはデジタル画像に変換できます。

固体撮像素子の大きさは、インチ単位で呼ばれます。この呼び方は固体撮像素子の画像サイズの実寸を示すものではなく、テレビカメラに使われている撮像管の撮像面サイズと等しいことを表しています。例えば2/3インチ固体撮像素子の場合は（1 inch=2.54cm、2/3inch=16.9mmではなく）2/3インチ撮像管に相当する対角11mm、1/2インチ固体撮像素子では対角8mmとなります。また、日本では計量法で商取引にはインチ表記が認められていないため2/3型などと言い換えられています。この型はコンパクトカメラに多用されています。

図2-11は固体撮像素子の大きさ（画像サイズ）と35mmフィルムの寸法を比較したものです。1/2サイズの固体撮像素子が良く使われますが、フィルムに比べてとても小さいことが分かります。図2-12は固体撮像素子の例です。画像サイズには、多数個の光検知素子が並べられています。一般に正方格子状に並べられており、横と縦の画素の数が解像力の指標になっています。例えば横4,000個、縦3,000個の画素なら、1,200万画素となります。光検知素子1個分を**画素**といいます。光検知素子1個が光を受ける面積を**受光サイズ**といいます。

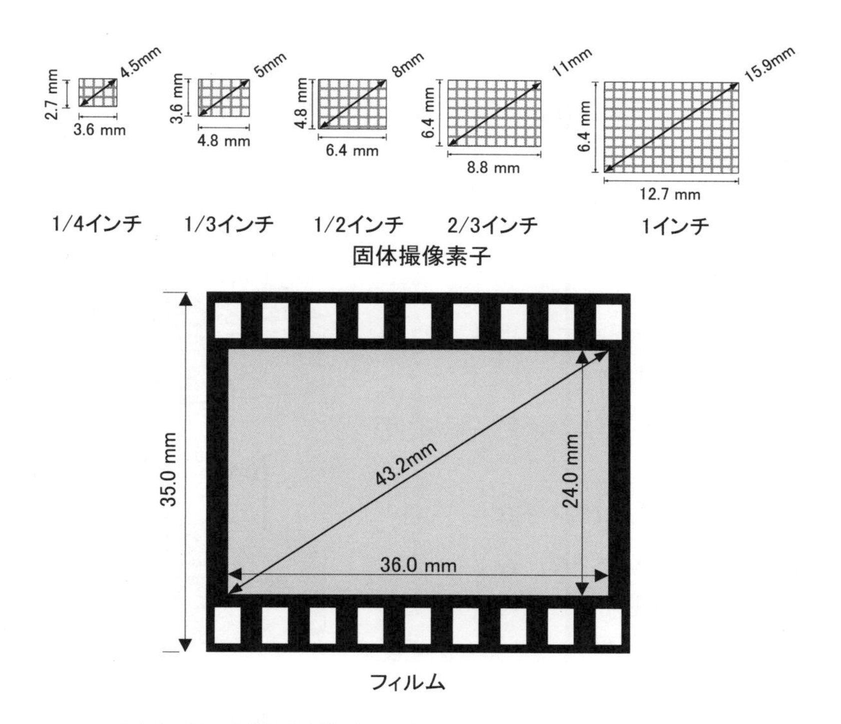

図 2-11 固体撮像素子とフィルムの大きさ比較

図 2-12 固体撮像素子

受光サイズと画素サイズの比を**開口率**と呼びます。開口率は、解像力について議論するとき、画素数より重要になることがあります。

ひとつの画素に蓄えられる光の量を**受光電荷容量**と呼びます。受光電荷容量が大きければ、白黒なら濃度、カラーなら色情報が、一層きめ細かくなり、濃度や色の表現可能な範囲、いわゆる**ダイナミックレンジ**が広がります。画素サイズや開口率の大きいものほど、受光電荷容量は大きくなります。受光電荷容量の大きいものは 16 ビット（65, 536 階調）です。普通のデジカメの原データは 10 ビット（1024 階調）ありますが、実際にユーザーが入手するのは8ビット（256階調）に圧縮されています。受光サイズ、すなわち画素の大きさは、1.5〜7μ正方とても小さいです。2/3型のCCD固体撮像素子の場合、1000万画素で受光サイズは1.68μ、1200万画素で1.55μです。

最近の一眼レフカメラはCMOSセンサーを適用し、35mmフィルムサイズ（36mmx24mm：対角線43.3mm）の受光面積で、1247万画素、さらに2450万画素と高解像力となっています。3750万画素の一眼レフカメラも開発されています。いずれも1画素の受光サイズは、1.5〜2μ正方と小さいです。

固体撮像素子は、大きく**電荷結合素子**（CCD）と相補型金属酸化物半導体（CMOS）の2つに分けられます。**CCD**（Charge Coupled Device）は、受光した光を電荷に変えて蓄えるための複数の連続するセルを持っていて、そのセルへの電圧を変化させて電荷を横方向に転送する仕組みによってバケツリレーのように次々と次のセルに受け渡し、最終的には画像として記録します（図2-13参照）。5つのタイプのCCDがありますが、詳細は専門書を参照して下さい。

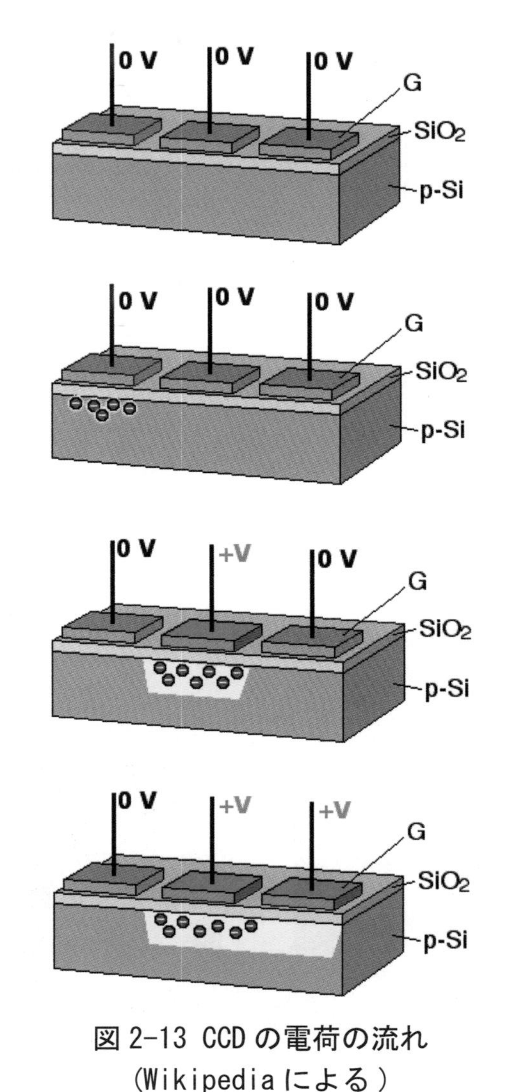

図2-13 CCDの電荷の流れ（Wikipediaによる）

CMOS（Complementary Metal Oxide Semiconductor）は、CCDと違って構造が比較的単純です。画素毎に装着された増幅器を用いて光電変換された電荷を取り出します。この方式は高速化しやすい特徴を持ちます。CMOSは、この画素を格子状に並べたものです（図2-14参照）。CCDが電荷の転送形態を開発の主眼として半導体メモリとして使おうと考えていたのとは好対照で、CMOSは最初から映像デバイス用として開発されましたので、画像を取り出す考え方はとても素直といえます。

CMOSの特徴をCCDと比較すると、次のとおりです。

素子をCMOS製造技術ですべてまかなえ、構造が単純であるため、固体撮像素子としての機能をひとつのチップに内蔵できます。CCDは、構造上の問題からひとつのチップにまとめることができません。また、CMOSは、画素の集積率も高く、小型化が可能です。既存の半導体技術で比較的簡単に製造できるため、価格が安く押さえられています。増幅器のスイッチを ON にし、他は休止していても問題ない構造となっていて電力の消費を押さえることができます。CCD は常時垂直、水平転送部に転送のための駆動パルスを印加させていなくてはならず、電力を消費し続けます。

これらの利点が評価され、携帯電話、モバイル PC などの小型カメラに適した市場で急速に需要を伸ばしています。

計測の観点から見た場合、CMOS の最大の欠点は画質です。開口率が小さいため、十分な受光電荷容量が得られないとともに、その後に加わるノイズ成分に比べて電荷の量が少なく S/N 比が大きくならないのが原因です。増幅器により微弱な電荷を光電変換直後に増幅したり、増幅器毎の特性のばらつきを押さえたりして画質の向上が図られています。最近の CMOS は CCD と比べてそれほど差のない画質が得られるようになっています。

一般的には画質を選ぶなら CCD、解像力と省電力を選ぶなら CMOS が良いでしょう。

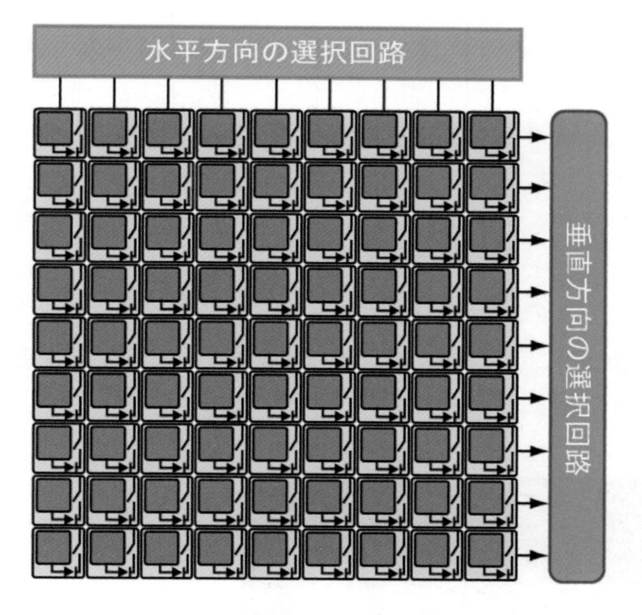

図 2-14 CMOS 固体撮像素子の構造

2.2 コンピュータ

デジタル写真測量のソフトが作動するコンピュータであればいいです。現在では普通のノートパソコンで十分です。OSは、マイクロソフトのWindowsであれば大抵のソフトは作動します。

写真測量は前にも述べましたが、ステレオ写真を利用するのが基本です。デジタル写真測量では、相互標定を通じて縦視差のないエピポーラライン の平行な画像に並び変える操作をします。この操作はステレオ対応点の自動探索をするイメージマッチングに必要な操作です。一方縦視差のないデジタル画像は偏光フィルターを貼り付けた特殊な3D表示モニターを利用すれば偏光メガネにより**立体視**をすることができます。図2-15は立体視をする3D表示モニターと偏光メガネをかけて立体視をするオペレータを示しています。図2-16はステレオ画像を立体視する原理を説明したものです。ステレオ画像の左の画像を左目で、右の画像を右目で見ますと、空間内に対応するステレオ対応点が交会し、立体的な虚像が浮かび上がります。偏光フィルターの3D表示モニターに映写されたステレオ画像を偏光メガネで見ると、左画像は左メガネに、右画像は右メガネに見え、結果として立体的な画像が見えます。この立体像から三次元測定をマニュアルで行うことができます。したがって立体視表示モニターを利用すれば、立体像から等高線を描画し、断面線に沿った形状解析や地形解析などを行うことができます。

できたらコンピュータのモニターに出力されたステレオペアを肉眼で立体視できると便利ですね。図2-17に示すような簡単な図形や写真から練習を始めると肉眼立体視は数時間で習得できます。

図2-15 偏光フィルター付き3D表示モニター（株式会社トプコン提供）

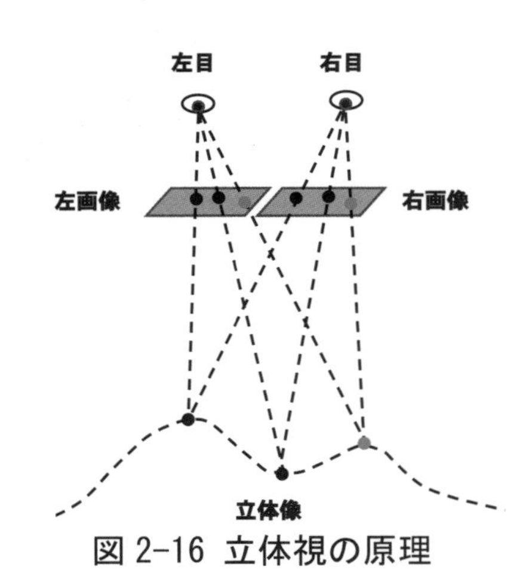

図2-16 立体視の原理

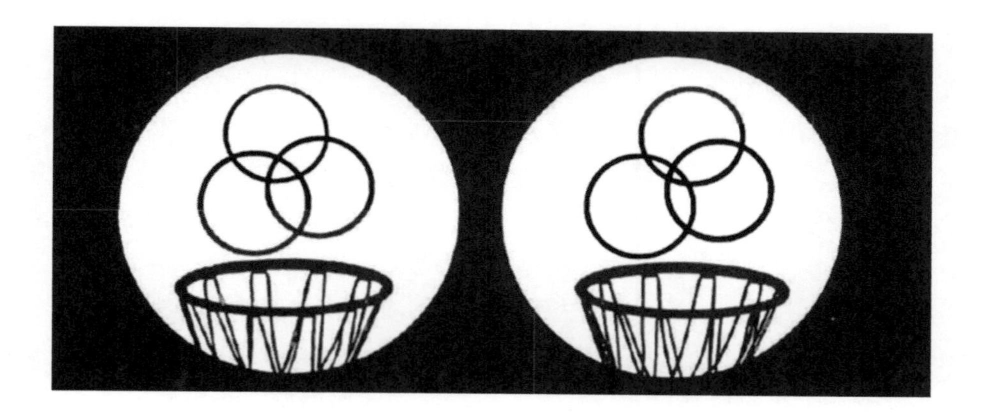

図 2-17 肉眼立体視のための練習サンプル

2.3 デジタル写真測量ソフト

デジタル写真測量のソフトは、必要とされる機能の数が多いとともに高度な処理を行わなければならない一方、市場が大きくなかったため高額でした。しかしながら、近年では多くの分野で写真測量が応用されてきたこともあり、手頃なものが出回るようになってきました。

デジタル写真測量のソフトには、次の性能が必要です。

1) カメラキャリブレーション：キャリブレーション用の基準点を異なる位置から複数枚撮影した上で、カメラキャリブレーションのパラメータ（焦点距離、主点位置のずれ、レンズ歪の係数）を求める機能。

2) デジタル画像の取り込み：デジカメで撮影したデジタル画像を取り込み、ステレオペアを選択する機能。

3) 基準点または標定点の自動計測：円形標識を自動認識し、円形の重心位置を自動測定する機能。

4)　標定：相互標定及び絶対標定を行う機能。マルチイメージの場合、バンドル調整による標定を行う。

5)　縦視差ゼロ画像の作成：標定の結果から、エピポーララインに平行な画像に並び変える機能。これにより縦視差ゼロのステレオ画像ができる。

6)　イメージマッチング：ステレオペアの左右の画像のステレオ対応点を自動認識、写真座標を自動測定し、三次元座標を求める。

7)　三次元モデル作成：三次元点座標群からTINモデル（不整三角網モデル）を作成する機能。

8)　オルソフォトの自動作成：ランダム点の三次元座標群を正方格子状に並べ直す機能。

9)　マニュアルでの三次元測定：ステレオペアの画像の中でステレオ対応点をマニュアルで測定してその三次元座標を求める機能。図2-18はデジタル写真測量で使われる図化機の例を示している。

10)　等高線描画：立体視できるモニター上においてマニュアルで等高線を描画する機能。

11)　画像表示：等高線図、断面図、透視図（ワイアーモデルおよび画像貼り付けモデル)、オルソフォトなどの画像表示を行う機能。

図2-18 デジタル写真測量で使われる図化機（アジア航測株式会社提供）

2.4 標識

基準点、標定点、測定点を正確に測定するには図2-19に示すように円形標識を貼り付けるのが一番良いとされています。理由はデジタル画像計測では、コンピュータが黒地に白の円を二値化して自動認識し、その重心（円の中心）の座標を小数点２桁の精度で計測するからです。円の直径が５画素以上（できたら 10 画素は欲しい）であれば 0.05 ～ 0.1 画素の精度で重心位置を読み取ることができます。人間がマニュアルで読む場合、正方格子状のデジタル画像では整数の座標しか読めませんので、コンピュータの自動計測に比べて 10 ～ 20 倍も精度は落ちることになります。アナログ時代には、標識は＋字印が主流でしたが、デジタル時代は円形であることを覚えてほしいですね。ステレオペアの円形標識は、コンピュータで自動認識して、二つの円形標識の円の重心を自動計測してくれます（図 2-19 下図参照）。

写真測量を利用した工業計測などでは、長さが正確にわかっている定規（**基準尺**と呼ぶ）を使うこともあります。図 2-20 は、工業計測に使われる基準尺の例を示しています。図 2-21 は、カラー標識で、番号を自動識別します。単なる円だと円のみを認識し、番号を付けてくれません。その点、カラー標識は番号を自動識別するのでステレオ対応点の誤認識がない利点があります。ただし識別できる数に制約があります。図の左のカラー標識は 720 個の番号を自動識別します。中・右のカラー標識の識別数は高々 32 個までです。

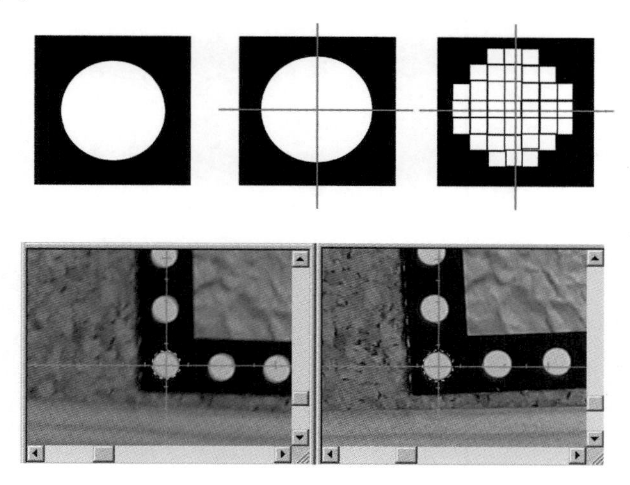

図 2-19 円形標識

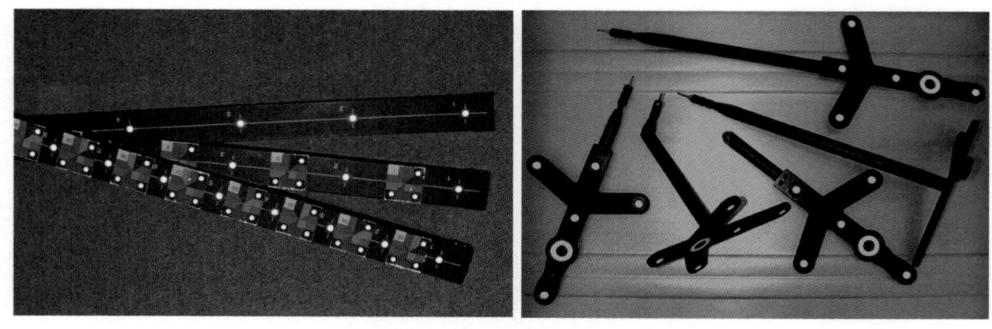

図 2-20 基準尺の例

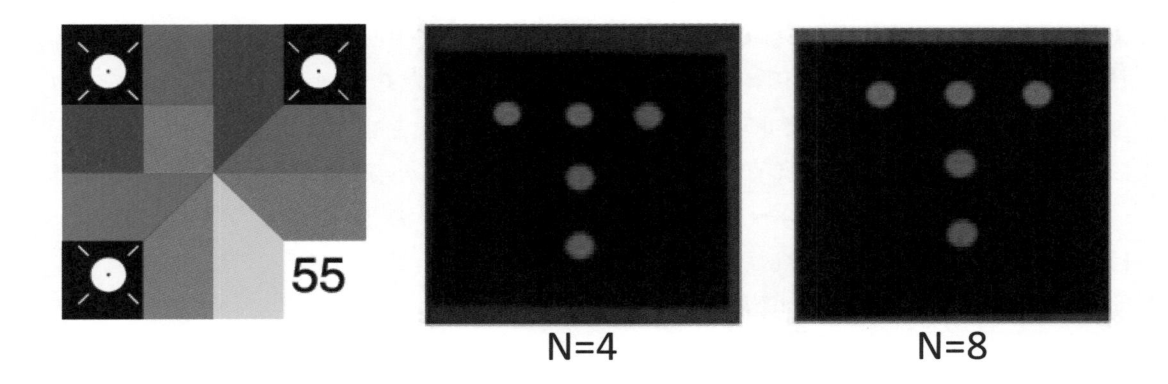

図 2-21 カラー標識（左：株式会社トプコン提供、中・右：Clive Fraser 氏提供）

第3章　デジタル写真測量の流れと計画

3.1　全体の流れ

デジタル写真測量の全体の流れは図 3-1 に示すとおりです。

1） 写真測量計画：三次元測定をする対象物の位置、大きさ、形状、周囲の状況などを調査して、どの位置からどの方向に写真を撮影すれば対象物を重複して撮影できるかをチェックします。同時にどこに基準点を設置したら良いかを予備調査します。太陽の向きや影の付き方などもチェックし、何時に撮影するのが適切かを調べます。場合によっては照明が必要かも調べます。

2） カメラの選定：既存の手持ちのカメラで十分か、別の仕様のカメラが必要かを調べます。使用するカメラで要求精度が確保できるかをチェックします。精度は使用するカメラだけでなく、対象物までの撮影距離にもよりますから一緒に考慮してカメラを選びます。画角についても注意します。

3） カメラキャリブレーション：使用するカメラのキャリブレーションパラメータを求めておきます。自分でできない場合には、日本測量協会に依頼します。

4） 標識設置：円形標識あるいは基準尺を適切な場所に設置します。注意点は基準点を偏在させずに十分な数だけ良い分布で配置することです。写真に明瞭に写るかをチェックします。標識の大きさが最低でも 10 画素以上になるかをチェックします。

5） 基準点測量：トータルステーションや GNSS を用いて、標識の基準点の三次元座標を測量します。

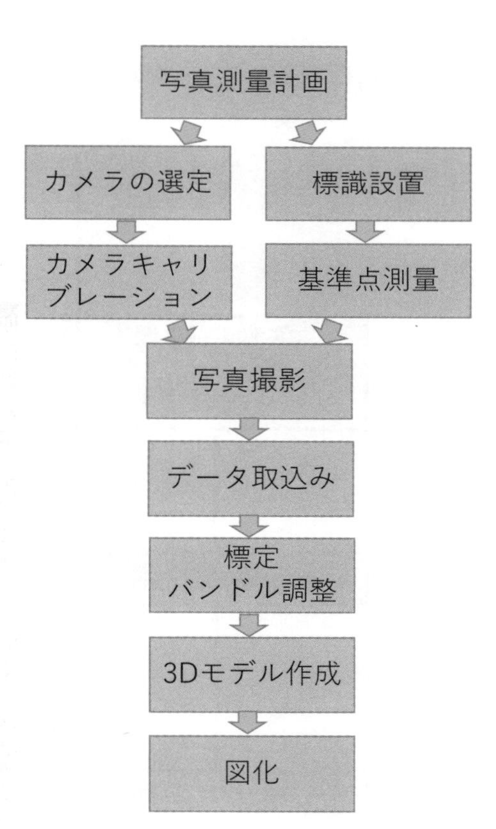

図 3-1 デジタル写真測量の流れ

6)　写真撮影：少なくとも最低2か所からステレオ撮影をします。場合によっては2枚以上の複数枚の写真撮影を行います。安全のために多めに撮影する計画を立てます。図 3-2 は基準点測量と撮影の状況を示しています。

7)　データ取り込み：撮影したデジタル画像をパソコンに取り込みます。

8)　標定：写真測量ソフトを使って、相互標定、絶対標定、あるいはバンドル調整を行います。

9)　3D モデルの作成：写真測量ソフトを使って、多数点のイメージマッチングを行い、三次元の点群を発生させ、さらに TIN モデル（不整三角網モデル）を作成し、地図と同じ平行鉛直投影である**オルソ画像**（または**オルソフォト**とも呼ぶ）を作成します。図 3-3 は中心投影の写真と平行鉛直投影のオルソ画像の違いを示しています。オルソ画像を作成するには、地形（または地物）の起伏 H と視野角 θ を使って H・tan θ に比例した量だけ投影面上で補正する必要があります。デジタル写真測量では、オルソ画像の作成は自動的に行うことができますので、その原理を理解していれば結構でしょう。

10)　図化：必要に応じて、等高線図（または等距離図）、断面図、輪郭図、透視図などを作成して画像出力あるいは地図出力をします。図 3-4 はいろいろな 3D モデルを示しています。

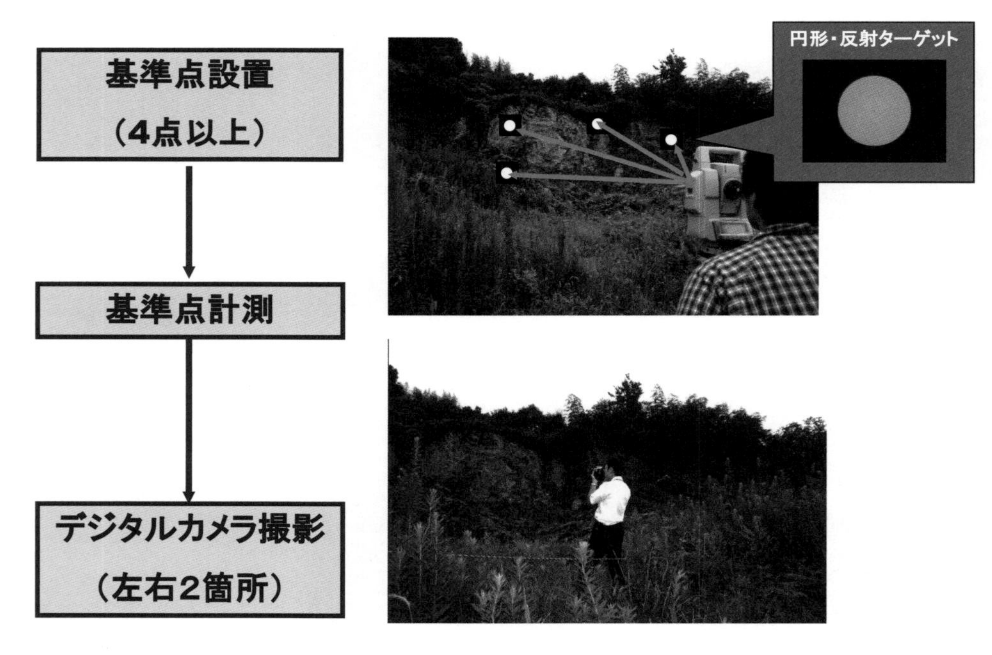

図 3-2 基準点測量と写真撮影（株式会社トプコン提供）

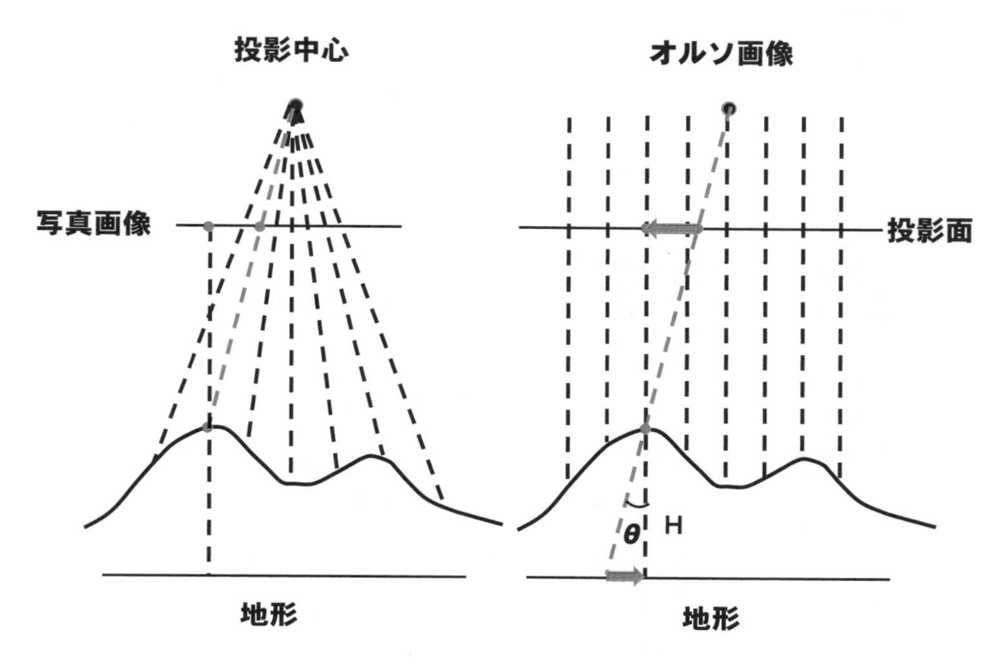

図 3-3 基準点測量と写真撮影

図 3-4 いろいろな 3D モデル（アジア航測株式会社提供）

3.2 アナログ写真測量とデジタル写真測量の比較

フィルムカメラと光学機械方式の図化機を使用したアナログ写真測量とデジカメとパソコンを使用するデジタル写真測量の比較をしてみましょう。

図 3-5 はアナログ写真測量とデジタル写真測量の比較を示したものです。

アナログ写真測量	デジタル写真測量
● カメラは計測用のみ	● 市販カメラが使用可
● 媒体:フィルム	● 媒体:デジタル画像
● 画質:階調/解像力中	● 画質:階調/解像力高
● 標識:十字印	● 標識:円形
● 撮影:平行撮影のみ	● 撮影:斜め撮影可能
● 標定:マニュアル	● 標定:自動/半自動
● 図化:マニュアル	● 図化:自動/半自動
● 精度:3/10,000	● 精度:0.5～1/10,000

図 3-5 写真測量のアナログ・デジタル比較

前に一部述べたものはありますが、下記に要約します。

1) カメラ：アナログ写真測量では、計測用のカメラ（**メトリックカメラ**と呼ぶ）でないと写真測量はできませんでした。メトリックカメラとは、焦点距離が正確に与えられている、主点位置が与えられている、レンズ歪が小さい、フィルム面（またはガラス乾板）が平面に維持されているなどの厳格な条件を満足していなければなりませんでした。デジタル写真測量では、市販デジカメでも使用可能です。ただし、メトリックカメラで要求されている条件は、カメラキャリブレーションで求めることができるのです。メトリックカメラは安いものでも 300 万円と高価でした。

2) 媒体：記録媒体は、アナログ写真測量ではフィルムです。デジカメではデジタル画像で、メモリーカードに記録されます。大きな違いは、フィルムの場合フィルム枚数に制限があり、枚数によって経費がかかったのですが、現在のデジカメでは数 100 枚の記録ができ、フィルム比べて経費も安価です。

3) 画質：アナログ写真測量のフィルムの画質よりもデジカメの画質の方が上回るようになりました。前にも述べましたが、デジタル画像の方は元画像では 10～16 ビットの階調があります。フィルムの場合 10 ビットはありません。フィルムの銀塩粒子の大きさは、2～3μといわれますが、固体撮像素子の画素の大きさは、1.5～10μです。一番大きな違いは、フィルムの場合、複製をすれば画質が30%近く低下するのに対して、デジタル画像は複製によって画質は低下しません。図3-6は航空写真ですが、フィルムカメラとデジタルカメラの画像を比較したものです。デジタル画像の方が鮮明で良いことが分かります。

4)　標識：アナログ写真測量では、基準点などに設置された標識は人間の目で中心を視準してその座標を計測していましたので、＋字印が主流でした。しかし、デジタル写真測量ではコンピュータが自動認識を行いその重心を自動測定しますので円形標識が使われます。

5)　写真撮影：アナログ写真測量では図化機の光学機械的な制約から3～5°程度以内の平行撮影しかできませんでした。デジタル写真測量では、斜め撮影も可能になりました。マルチイメージで多数枚の写真撮影をする場合、一組のステレオペアはほぼ平行撮影しておく方が標定は安定するといわれています。デジタル写真測量で斜め撮影ができるのは大きな利点です。

6)　標定：アナログ写真測量では、ほとんどの測定がマニュアルで行っていました。アナログ写真測量の中の解析写真測量では、標定計算はコンピュータが行いますが、座標の測定はマニュアルでした。デジタル写真測量では、円形標識の認識および座標測定はコンピュータが自動的に行います。したがって標定もほとんど自動化を達成しております。確認をすることぐらいがマニュアルです。

7)　図化：アナログ写真測量では熟練オペレータが図化機を使って等高線や断面の図化を行っていました。デジタル写真測量では、イメージマッチングが確立したために、全画素マッチングが可能になり、多数の三次元座標を持つ点群の発生が可能になりました。この点群からTINモデル（不整三角網モデル）を作成し、それから等高線図や断面図が自動で描画できます。オルソフォトや画像を貼りつけた透視図（または鳥瞰図とも呼ぶ）の作成は、コンピュータがしてくれます。アニメーションの作成も容易にできるようになりました。

8)　精度：写真測量の精度は、奥行き方向の精度が平面精度に比べて一般的に悪いので、奥行き距離に対する精度で精度を代表します。アナログ写真測量では、3/10,000（写真測量では0.3パーミルという）ですが、デジタル写真測量では0.5/10,000～1/10,000と、精度が3～6倍も高くなりました。これは画質が向上したこと、基準点の座標計測精度が向上したこと、イメージマッチング精度が向上したことなどが理由です。

RC30カメラ　地上解像度21cm

UCDカメラ　地上解像度28.5cm

図3-6 フィルム（RC30）とデジタル（UCD）画像の違い（国土地理院提供）

3.3 デジタル写真測量の計画

前節で述べたデジタル写真測量の利点を最大限に活かして写真測量の計画を立てる必要があります。計画の留意点を次に列挙します。

1) 対象物の形状と要求精度

最初に対象物の形状と要求される精度についてまず考えます。対象物の形状と大きさはとても大切なファクターです。1枚の写真に収まる大きさなのか否か、隠れて見えない箇所はないか、対象物にアクセスできるか否かなどは、写真撮影および基準点設置に影響を及ぼします。対象物までの距離をどのくらい取れるかも大切です。顧客はどのくらいの精度を欲しているかを聞き出します。奥行きの精度は前に述べましたように、標識を置けば、1/20,000の精度が確保できますが、全般的には安全を見て1/10,000の精度を見こんだら良いでしょう。

2) 撮影場所の確保

写真撮影は最も大切です。画質の良い写真を撮影することに全力を注入します。撮影の足場を確保できるか否かは大きな問題です。手持ちで撮影ができれば一番良いですが、場合によっては脚立、ポール、クレーン車などを使用せざるを得ないこともあります。遺跡調査では、ラジコンヘリやラジコン飛行機を使う場合もあります。隠れる箇所があれば何枚も異なる角度で撮影して隠れる箇所がないように撮影する必要が生じます。図3-7はいろいろなカメラ架台（プラットフォームと呼ぶ）の例を示しています。

3)　基準点の配置と標識の設置

一般的な原則は、図3-8に示しますように、基準点はステレオ写真の全枠にわたって、端の[illegible]ら中央部に至るまで平均的でかつランダムに配置するのが望まし[illegible]、ステレオ写真の相対的な位置と傾き関係を再現するには、[illegible]が、再現精度が良いからです。中央部分にしか基準点がな[illegible]度は保証できなくなります。基準点には前に述べました[illegible]の円形の標識を設置します。その他重要な測定点にも標[illegible]三次元測定が可能です。基準尺を利用する場合には、[illegible]平または鉛直に立てます。できたらTの字に水平と[illegible]ます。

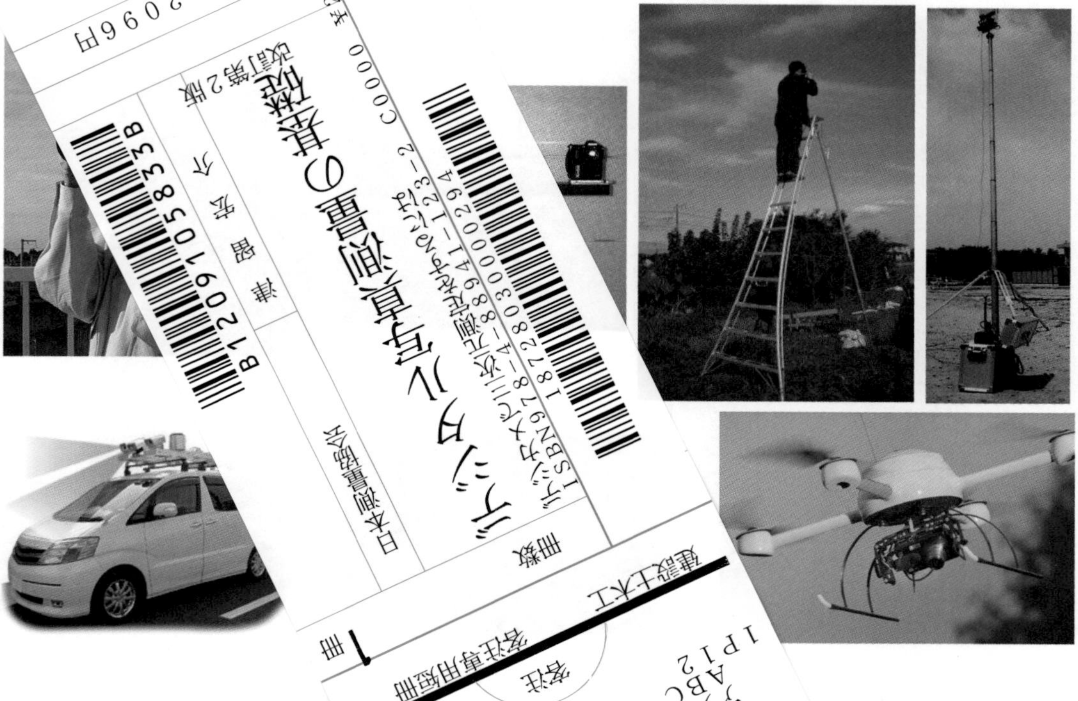

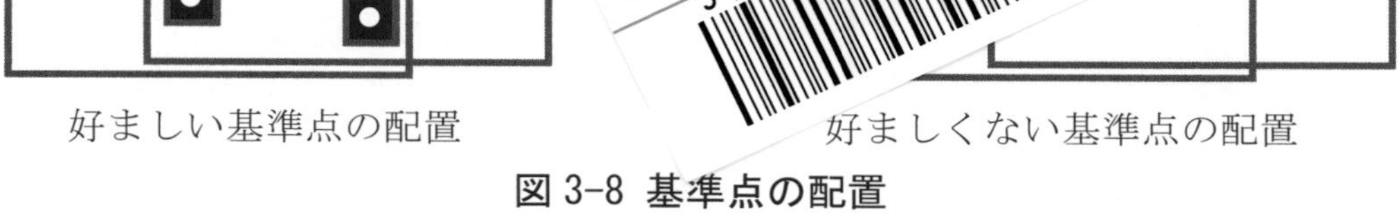

好ましい基準点の配置　　好ましくない基準点の配置

図3-8 基準点の配置

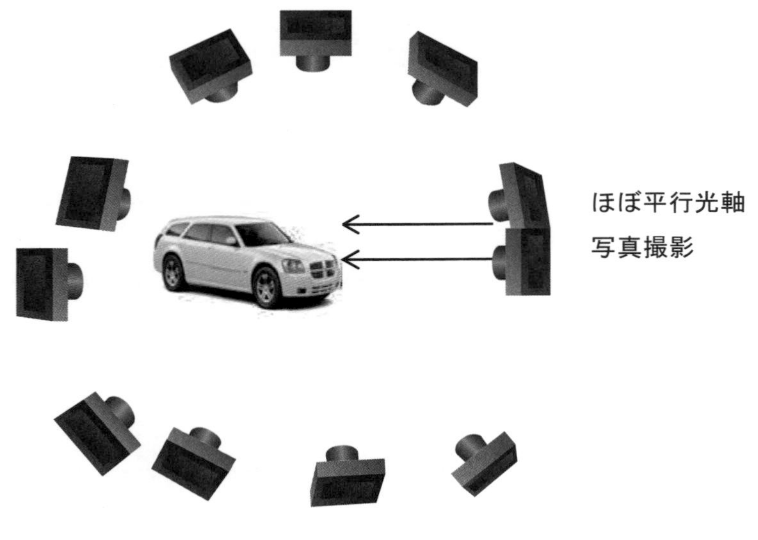

図 3-9 マルチイメージの撮影

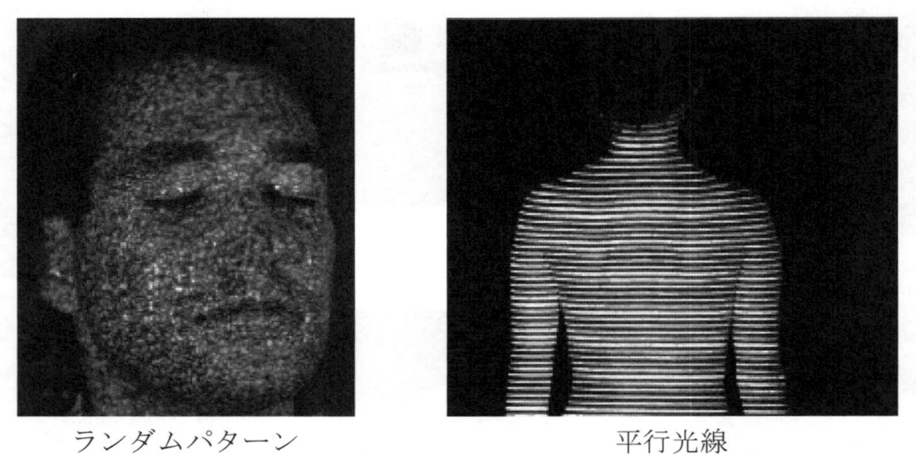

図 3-10 パターンの投射（John Fryer et al. 2007 より）

4)　基準点測量

基準点の三次元測量をします。できるだけ国家座標系（測地座標系とも呼びます）で三次元座標を測定することを勧めます。理由はGISに結合させることが可能だからです。やむをえない場合には局地座標系を任意に設定し、その場限りの座標系での三次元測量をします。三次元測量は、一般に対象物の要求精度より3倍以上良い精度で測量するのが原則です。トータルステーションや水準儀、あるいはGNSS測量機などを利用して測量します。どうしても標識を設置できない対象物の場合、写真に明瞭に写される物体で点として認識できる点を基準点にして、ノンプリズムのトータルステーションでその点の三次元座標を測量します。

5)　写真撮影

デジタル写真測量では斜め撮影が許されますが、最低ひと組のステレオペアはできるだけ平行光軸の撮影をしておく方がバンドル調整の時の収束が早くかつ精度よく行うことができます。写真撮影については第 4 章で詳細に説明します。図 3-9 はマルチイメージの際の写真撮影の状況を示しています。ステレオペア一組がほぼ平行光軸で撮影していることがわかります。

6)　照明

室内で写真測量をする場合、照明が必要なことがあります。一番大切なことは対象物がきれいに写真に写せるか否かです。暗くて見えない場合および陰で見えない場合は照明を用います。間接照明が望ましいです。野外での写真撮影で一番良い条件は快晴の時でなく、高曇りの時です。影が付きにくく、影の部分が少なく、測定に適しているからです。

7)　パターン発生

写真測量の欠点の一つは、対象物が真っ白か真っ黒の場合、または均質な色合いの場合、イメージマッチングが正確にできないため三次元の自動測定ができないことです。このよう場合、映写装置を使って**ランダムパターン**を対象物に投射してテクスチュアを発生させます。図 3-10 はランダムパターンを人間の顔に、平行光線を人間の背中に投射した例です。

8)　カメラキャリブレーションとカメラの管理

写真測量をする前にできたら新たにカメラキャリブレーションをすることを勧めます。対象物によっては、無限大の設定では写真撮影ができないほど対物距離が近い場合があります。このような場合、対象物とほぼ同じ距離でカメラキャリブレーションをした方が、精度は向上するからです。また、時間が経過するとカメラのパラメータが変化してしまう恐れもあります。一度カメラキャリブレーションをしたら、一眼レフカメラの場合、その時の焦点距離が動かないようにテープで固着しておくと良いでしょう。振動などで焦点距離が動く危険を回避できます。温度差のある環境で写真撮影をする場合、可能な限り、写真撮影場所の気温にカメラを慣れさせておくと良いでしょう。急に温度差のある所にカメラを取り出すと結露をする危険があります。雨の時は一般に屋外での撮影はしません。

9)　プラットフォーム

前に紹介しましたように、最善の写真撮影場所を確保するために、脚立、ポール、クレーン車などの利用を計画します。シャッタを手で押せない場合もありますから、自動シャッタが切れるように工夫をすると良いでしょう。

10)　標定および三次元測定

現地にパソコンとソフトを持ち込んで、撮影したらすぐにデジタル画像を取り込み、ソフトにより画像の確認、標定、三次元測定の精度などをチェックして基本的な要求精度を満足しているか否かをチェックします。もしうまくいかない場合には再撮影や再測量を実施します。一番注意することは撮影漏れです。今のソフトはとても処理速度が速いですから15分もあれば精度確認ができます。

3.4　デジタル写真測量の精度管理

デジタル写真測量の精度は、レンズの収差、デジカメの幾何学的性能、固体撮像素子の性能（主に解像力と画質）、写真座標の計測誤差、基線高度比、基準点の精度とその配置などによって決まります。

理想的なカメラで理想的な撮影が行われたと仮定したときには、一般に平面位置(X,Y)と奥行き(Z)の精度は、次の式で表されます。

$$平面の精度 = (Z/c)\ \sigma_p$$

$$奥行きの精度 = (Z/c)(Z/B)\ \sigma_p$$

式 3-1

ここで、cはカメラの画面距離（または焦点距離）、Zはカメラから被写体までの対物距離、Bは撮影基線長、σ_pは視差の計測精度です。Z/cは、写真縮尺の逆数です。Z/Bは、基線高度比の逆数です。視差の計測精度は、ほぼ写真座標の計測精度とみなして良いとされています。

式からもわかるとおり、平面の精度は写真縮尺が大きいほど、写真座標の計測精度が良いほどよくなります。奥行きの精度は、平面の精度に基線高度比の逆数が乗じられます。つまり、奥行き精度は平面精度に基線高度比の逆数を乗じた分だけ精度が落ちます。一般的に基線高度比は1より小さい値をとります。基線を長くしたり、奥行き方向を短くしたりすることにより精度の向上が図れます。

注意を要するのは、近接写真測量の場合は、カメラから被写体までの対物距離のバラツキが大きく、精度の較差が大きいことです。例えば、道路のような平坦な面を人の身長程度の高さから撮影すると、遠くまで写りますが、遠くなるにつれて精度が劣化します。これは、遠くほど奥行き方向(Z)が大きくなるとともに、写真座標の計測精度(σ_p)も劣化するためです。奥行き方向と写真の計測精度の両方の影響を受けることから、極端に精度が劣化していくことが理解できます。道路の場合は、高々20mぐらいまでしか精度の保証は得られません。

精度の式が有効なのは、有効モデルの範囲内です。**有効モデル**とは、2枚の写真が重複した範囲で、図3-11に示しますように三次元測定または立体視が可能な範囲です。**共役点**とは、立体モデルを構成する写真同士を連結する役割で、航空写真測量では基準点、タイポイントやパスポイント（標定点）を含みます。共役点で囲まれた範囲は、立体モデルが堅ろうに構築され調整計算の結果によって精度が保証されます。囲まれた範囲以外は保証の限りではありません。一般に有効モデルの範囲から遠ざかるほど、精度が低下する傾向にあります。

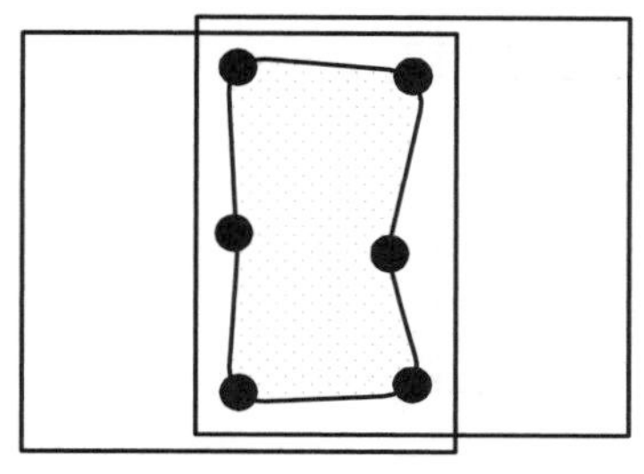

● 共役点
有効モデルの範囲

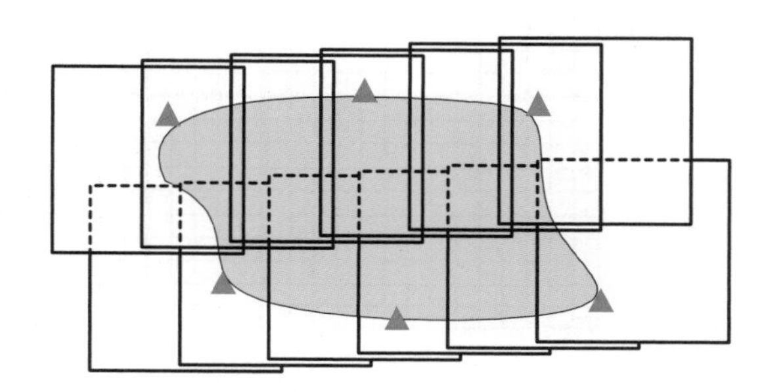

▲ 基準点
計測に適した範囲

図3-11 有効モデル

有効モデル内での計測精度は、立体モデルを構築するための調整計算で得られた共役点の精度の上に成り立っています。共役点の精度を決める重要な役割を担うのは、基準点または標定点の精度と配置です。立体モデルでの計測が有効モデルの範囲内で行われることが期待されるのと同様に、共役点に座標を与えて立体モデルを構築させる調整計算は基準点で囲まれた範囲で行われていることが期待されます。

さて、デジカメの写真座標はどのようにして計測されるでしょうか？デジカメの固体撮像素子は図3-12に示しますように多数個の正方格子の画素から構成されています。画素は、左上隅を原点にして横方向を画素番号（x'）、縦方向を行番号（y'）で表します。横方向の画素数がm、縦方向の画素数をnとします。写真は画面の中心を原点（x_c, y_c）とする座標系xyとすると次の式で写真座標を求めることができます。

$x = (x' - x_c')\,d_x$:　d_xはx方向画素サイズ

$y = (y_c' - y')\,d_y$:　d_yはy方向画素サイズ

式3-2

ここで、

$$x_c' = m / 2 - 0.5$$
$$y_c' = n / 2 - 0.5$$

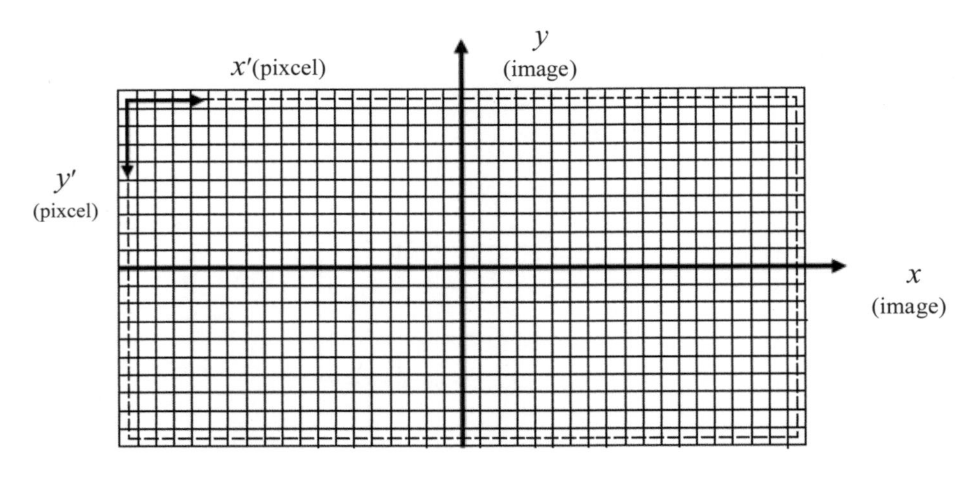

図 3-12 画像座標と写真座標

注意することは、本来写真座標は主点を原点とする座標ですので、式 3-2 の座標に対してカメラキャリブレーションで求められた主点位置のずれの値を用いて補正する必要があります。一般に x 方向と y 方向の画素サイズは同じで正方格子になっています。デジカメのマニュアルに画素サイズが掲載されている場合とない場合があります。しかし、x 方向と y 方向の画素数は掲載されています。固体撮像素子の画面サイズ（例えば、1/2 インチなど）が掲載されていれば、計算することができます。

デジカメの解像力は、一般には画素数例えば、4000×3000＝1200 万画素などと総画素数でいう場合が多いです。1 画素当たりの大きさが対物面でいくらかを知っておく必要があります。これを**地上解像度**といいます。地上解像度は、写真縮尺の逆数に画素サイズを乗じた大きさです。例えば、焦点距離 50mm のレンズを使い、5m 先の対物距離があれば、写真縮尺は 1/100 となります。逆数は 100 です。仮に画素サイズが 5 μ であれば地上解像力は 500 μ すなわち 0.5mm となります。20m の対物距離なら、地上解像度は 2mm となります。

下の表は、対物距離、焦点距離に対して基線比を1：3に取ったときの平面精度と奥行き精度を計算した例を示しています。

対物距離 Z	基線長 B	焦点距離 c	計測範囲 横×縦	平面精度 σ_{XY}	奥行精度 σ_Z
10m	3m	35mm	3.5×4.3m	2mm	7mm
50m	15m	35mm	17×21m	10mm	35mm
100m	30m	50mm	16×30m	15mm	50mm

デジタル写真測量の精度を議論するときは、平面精度は、1画素に対応する地上解像度で表します。円形標識を使用すれば、写真座標は0.05〜0.1画素の精度で計測できると前にいいましたが、1画素の精度をいっておきますと、安全側になります。奥行き方向の精度は基線高度比の逆数だけ悪くなります。基線高度比が1：3（または0.333）なら奥行き精度は平面精度より1/3に低下します。

カメラキャリブレーションの要求精度については、デジカメのレンズに依存しますが、0.25画素以内が標準ですが、詳細は第5章に説明します。次に標定の精度はどのようにして評価したら良いでしょうか？

標定に使用する基準点あるいは標定点に標識を使うか否かで精度は異なります。標識を使う場合、0.1〜0.3画素の精度が得られます。標識を使用せず、地物の特徴を利用してイメージマッチングをして対応点の写真座標を求めて標定した場合、0.3〜1画素の精度になります。三次元測定の精度は、写真縮尺および基準点精度により数値は異なります。画素の単位に変換することができますので、上の数値を目標にすると良いでしょう。基準点の計測精度は、測定点の三次元座標の要求精度の5〜10倍良い精度で行うのが基本です。例えば、三次元測定の精度が10cmの要求精度なら基準点の精度は1〜2cmである必要があります。

一般に精度検証をする場合、図3-13に示しますように、多数の基準点および検証点を配置する必要があります。**検証点**とは、標定計算に使用しない点ですが、標識を設置し、三次元座標を与えている点です。基準点は標定計算に使用する点です。基準点は6〜10点程度必要ですが、検証点は最低でも30点は必要とされています。当然、基準点の計測座標とバンドル調整による計算座標の差は、検証点での差より小さくなります。本当の精度は検証点の精度といえます。注意することは基準点の配置を前に述べた有効モデルの境界に適切な分布で行うことです。

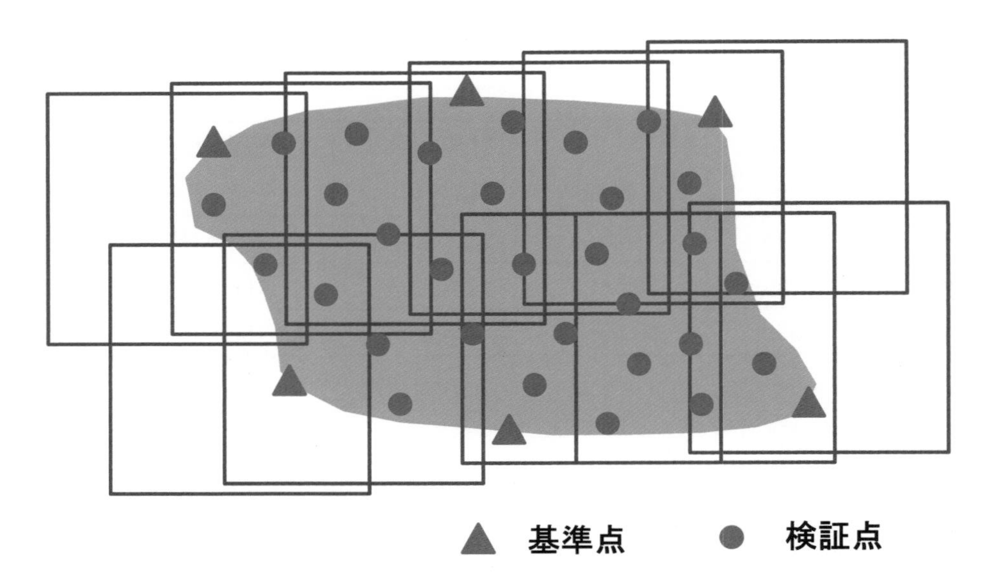

図 3-13 精度検証のための配点

第4章　写真撮影と画質

写真撮影は、写真測量では最も大切なファクターです。なぜなら、写真測量の精度に大きな影響を及ぼすからです。前にも述べましたように写真測量では2か所以上からのステレオ写真あるいはマルチイメージの撮影が必要です。

4.1 ステレオ写真の撮影

図 4-1 に示しますようにステレオ写真を撮影する時は、原則は平行光軸撮影を心がけます。基線高度比は、1/3 より大きく取るようにします。2 枚の写真で重複している領域が三次元測定範囲になります。基線高度比を大きく取りますと視差も大きくなり、奥行き精度が向上します。レンズが広角の場合、基線高度比を大きくかつ重複する領域を大きくとることが可能です。基線高度比を無制限に大きく取ることは危険です。角度が付きすぎて、ステレオ写真の上で同一物体の認識がしにくくなったり、見えなくなる部分が生じたりするからです。基線高度比は最大 1：1 で抑えるようにします。実務上は基線高度比 0.6 ぐらいが最適といわれています。

レンズが普通角の場合、平行光軸撮影では重複領域を大きく取ることができなくなります。重複領域を大きく取ると基線高度比が小さくなり奥行き精度が低下します。このような場合、図 4-2 に示しますように、少しお互いに光軸を内側に傾けて斜め撮影をします。重複する領域は大きくなり、三次元測定ができる範囲を大きく取ることができます。図 4-3 はいろいろな撮影方法を示しています。いずれもデジタル写真測量は可能ですが、理想的な状態ではありません。バンドル調整計算の収束が悪くなったり精度が低下したりします。

ステレオ写真撮影で大切なことは、基準点とパスポイント（標定点）の配置です。図 4-4 に示しますように、できたら四隅に基準点を配置し、その他 2 点以上のパスポイント（基準点を入れると 6 点以上）を配置します。パスポイントは相互標定に必要です（最低 5 点以上)。基準点は絶対標定に必要になります（最低 3 点以上)。

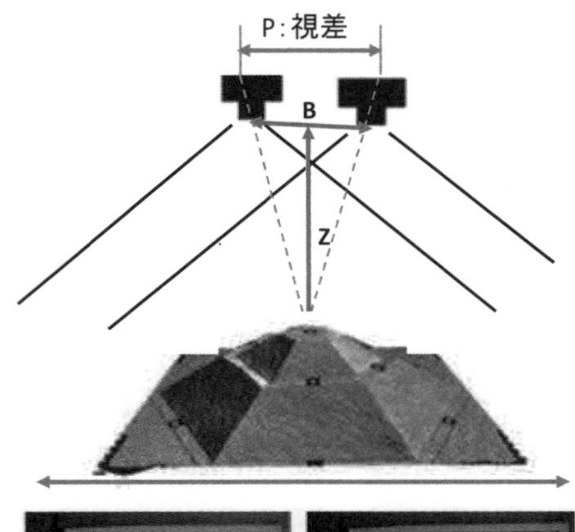

B：　基線長
Z：　撮影距離（高さ）
B/Z：基線比（>1/3が望ましい）
3D計測範囲

ステレオ写真の2本の光線の交点として三次元の形が計測できる

図 4-1 ステレオ写真の撮影

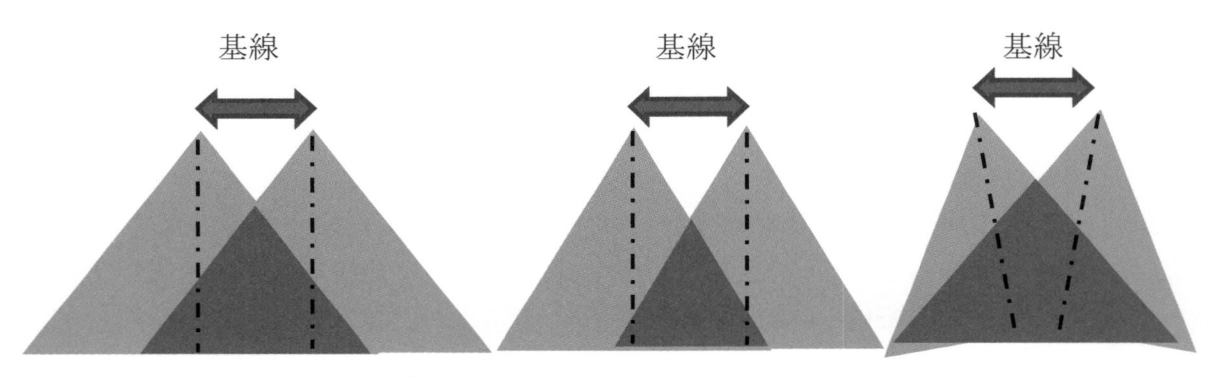

図 4-2 斜め写真の撮影効果

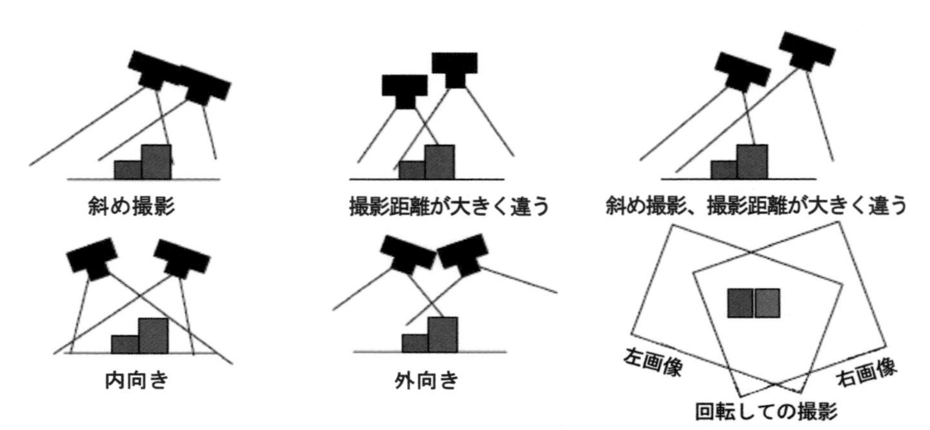

図 4-3 いろいろな撮影方法

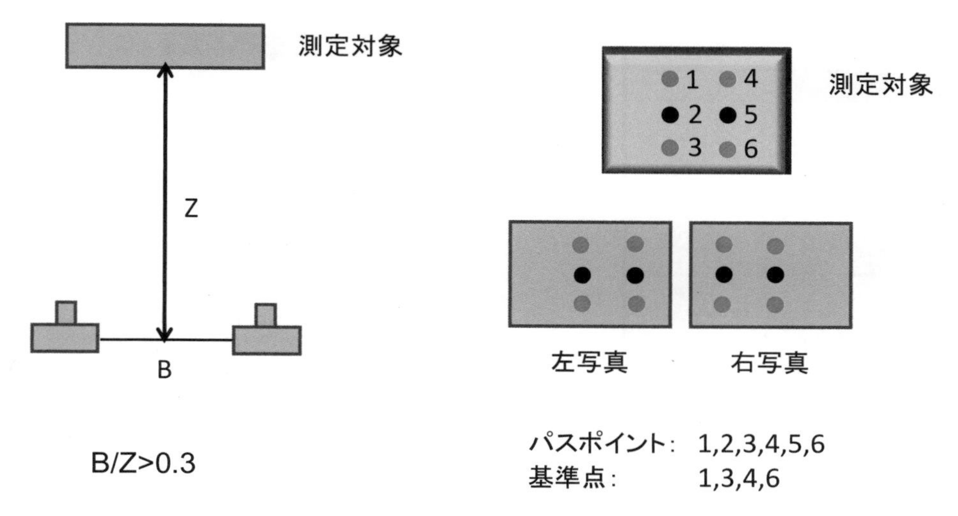

図 4-4 ステレオ写真のための標定点配置

4.2　マルチイメージの撮影

大きな測定対象物をほぼ平行光軸で連続撮影をして全体を三次元測定する場合、図 4-5 に示しますように、パスポイント、タイポイントおよび基準点を互いに重複するように配置します。パスポイントとは、相互標定に必要な標定点で必ずしも三次元座標を与えられていなくても良い点です。タイポイントとは、隣り合うステレオペアを接続させるために共通なパスポイントまたは基準点をいいます。基準点は、バンドル調整を利用する場合、全体で 4 点あれば標定可能です。

大きな測定対象物体を全周撮影する場合、一組のステレオペアはほぼ平行光軸で撮影することを勧めます。他の斜め撮影のステレオペアの初期値の設定を容易にすることと、バンドル調整計算の収束を早めるためです。図 4-6 に示しますように、何処も死角がないように多数枚の写真撮影が必要になります。図に示した例はエチオピアの世界遺産に登録された岩をくり抜いて作った教会を写真測量した例です。

道路などの長手の路線上での連続撮影は、交通事故の写真測量に利用されます。一般的に長手方向の連続撮影による写真測量は、基線高度比を十分に取れず、三角網の強さが弱く精度は少し低下します。図 4-7 は交通事故への応用例を示しています。多数箇所からの連続撮影をしている様子が分かります。

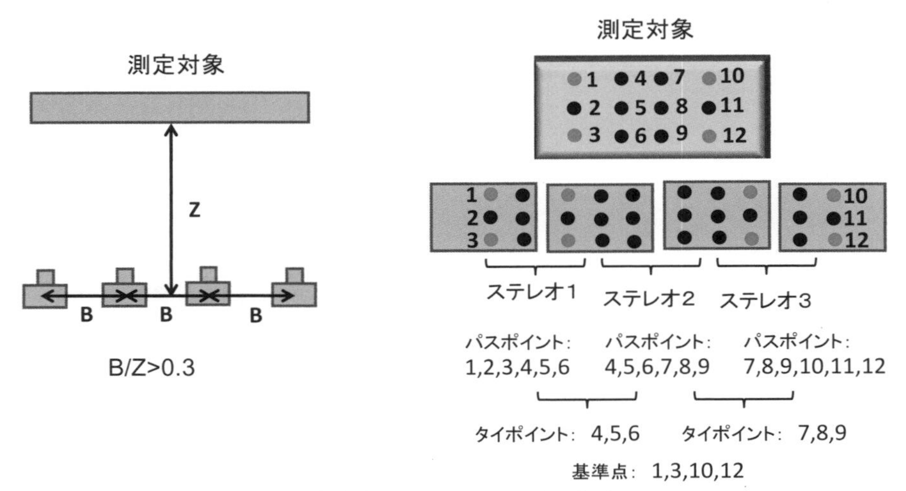

図 4-5 連続撮影のための標定点配置

図 4-6 全周撮影の例（Clive Fraser 氏 提供）

図 4-7 路線上の連続撮影（交通事故の例）（Clive Fraser 氏 提供）

4.3 プラットフォーム

測定対象物の形状や大きさによってはカメラを手持ちで撮影するだけではすまない場合があります。図4-8はいろいろなプラットフォームの特徴をまとめたものです。ラジコンヘリやバルーン（気球）は50〜300mの高さから下を撮影できます。操作には熟練技術を必要とします。地形計測や文化財（遺跡など）の計測に適しています。クレーン車は、50m ぐらいまでの高さから撮影できます。撮影は確実ですが、駐車場所の確保が難しい場合があります。土量計算などに適しています。リフター（脚立など）やポールなどを利用すれば、最大20m くらいまでカメラを上に置くことができます。コストが安い利点があります。文化財調査、土量計算、交通事故調査などに適しています。

プラットフォーム	対物距離	長所	短所	利用分野
ラジコンヘリ バルーン	50m 〜 300m	中域範囲 撮影位置を決められる	操作に熟練が必要 風邪の影響を受けやすい	地形計測 文化財調査
クレーン車	〜 50m	撮影が確実である	場所の制約	土量計算
手持ち、リフター、ポール、ステレオカメラなど	〜 20m	可搬性に優れている 経費寡少	広域範囲 斜め撮影	文化財調査 土量計測 交通事故調査

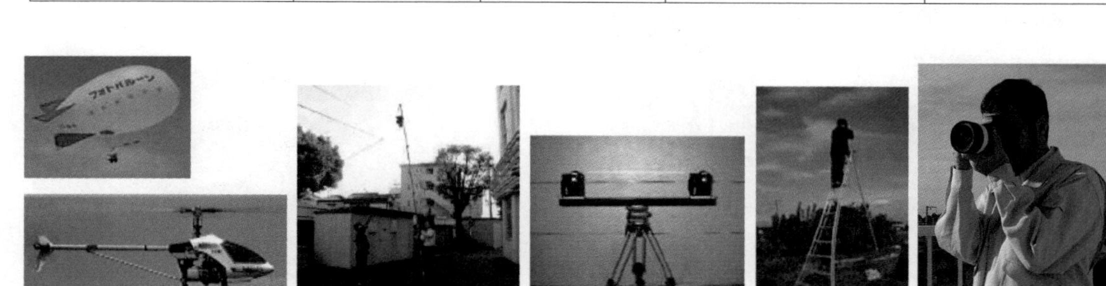

図4-8 いろいろなプラットフォームと特徴（左から5点：株式会社トプコン提供）

4.4 写真測量に適しない対象物

写真測量の短所の一つに、写真測量（特にイメージマッチングによる自動計測）が適しない物体があることがあげられます。図 4-9 は自動計測に適している物体と適していない物体の例を示しています。自動計測に適している物体はテクスチャが豊富である、連続である、平行光軸で撮影しやすいなどの条件を満たしています。一方自動計測に適していない物体は、テクスチャがない（真白や真黒など）、不連続で複雑な形状をしている、斜め撮影をしなければならないなどの条件が重なったものです。野外にある対象物には照明をするわけにいきませんが、室内にある小さな物体の場合、図 4-10 に示しますように、白い測定対象物にランダムパターンを投射して撮影しますと、自動計測が可能になります。

自動計測がうまくいく例

自動計測が難しい例

図 4-9 自動計測がうまくいく例と難しい例（株式会社トプコン提供）

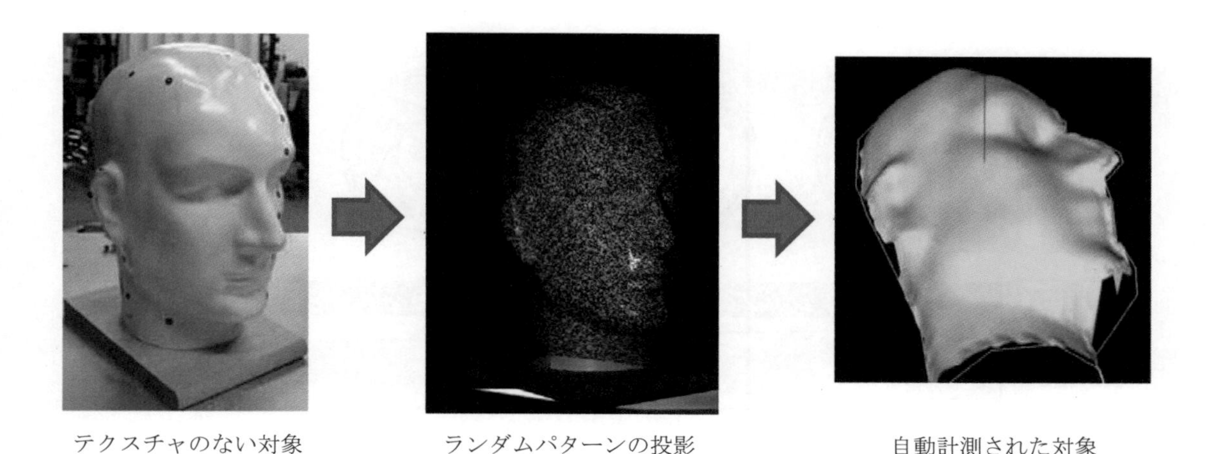

図 4-10 ランダムパターンの投影による自動計測（株式会社トプコン提供）

4.5　絞りと被写界深度

デジタル写真測量ではマニュアル操作のできる一眼レフカメラを勧めています。写真測量で一番注意しなくてはならないのが手ブレとボケです。手ブレは、撮影者の注意で防ぐことができます。脇を締めて手ブレが起きないようにするか三脚の使用をします。問題はボケです。

画像のボケは、ピントを合わせることによりなくなりますが、遠近感のある物体を写すときには全ての物体にはピントが合わないことがあります。ピントは絞りと関係します。

絞りとは、レンズから入ってくる光の量を調整する機構で、取り込む光の量を数値化したのがＦ値です。**Ｆ値**は、レンズの有効径（D）と焦点距離（f）によって定義され、画像の明るさを決定します。

$$F \equiv \frac{f}{D} \qquad \text{式 4-1}$$

つまりレンズの有効径が２倍になると、有効径の断面積は４倍になり、レンズに入る光の量も４倍になります。画像の明るさは、レンズの有効径に対しては２乗に比例するのです（図　4-11）。焦点距離が２倍になると、写される広さは 1/4 倍になり、レンズに入ってくる光の量も 1/4 倍になります。画像の明るさは、焦点距離に対しては逆数の２乗に比例するのです（図　4-12）。したがって、被写体が無限遠にあるときの画像の明るさは、Ｆ値の２乗に反比例するといえます。

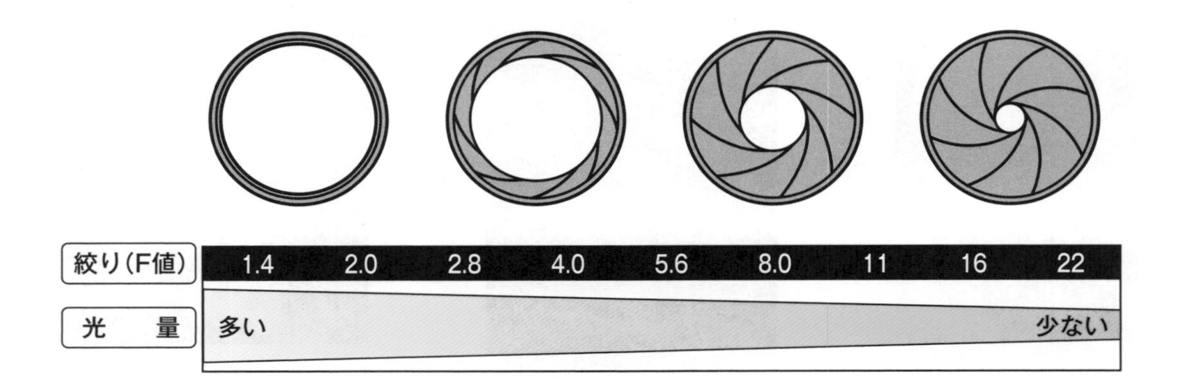

図 4-11 レンズの有効径

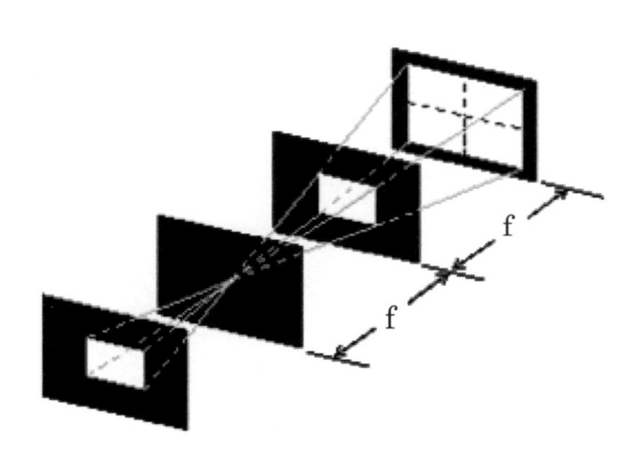

図 4-12 焦点距離と受光面積

図 4-13 は、絞りとピントの関係を説明しています。異なる絞りで、対物距離の異なる p 点と q 点を写している状態を比較します。上の図では絞りが開放になっていて、多くの光がレンズに入り p 点は結像面上で広がって結像します。つまりボケが生じます。下の図では絞りがある程度絞られ、p 点の結像範囲は狭くなってきています。つまり、結果的には、ボケが小さくなっています。

このようにピントを合わせた特定の位置だけでなく、その前後においてもピントが合っている範囲を、結像面側では**焦点深度**、被写体側では**被写界深度**と呼びます。

一般的に、8 以上の絞りにすれば、かなり被写界深度が大きくなります。その分、光量が大きい必要があります。絞りを 3.5 や 5.6 にしますと距離によってボケを生じるところが出てくるでしょう。

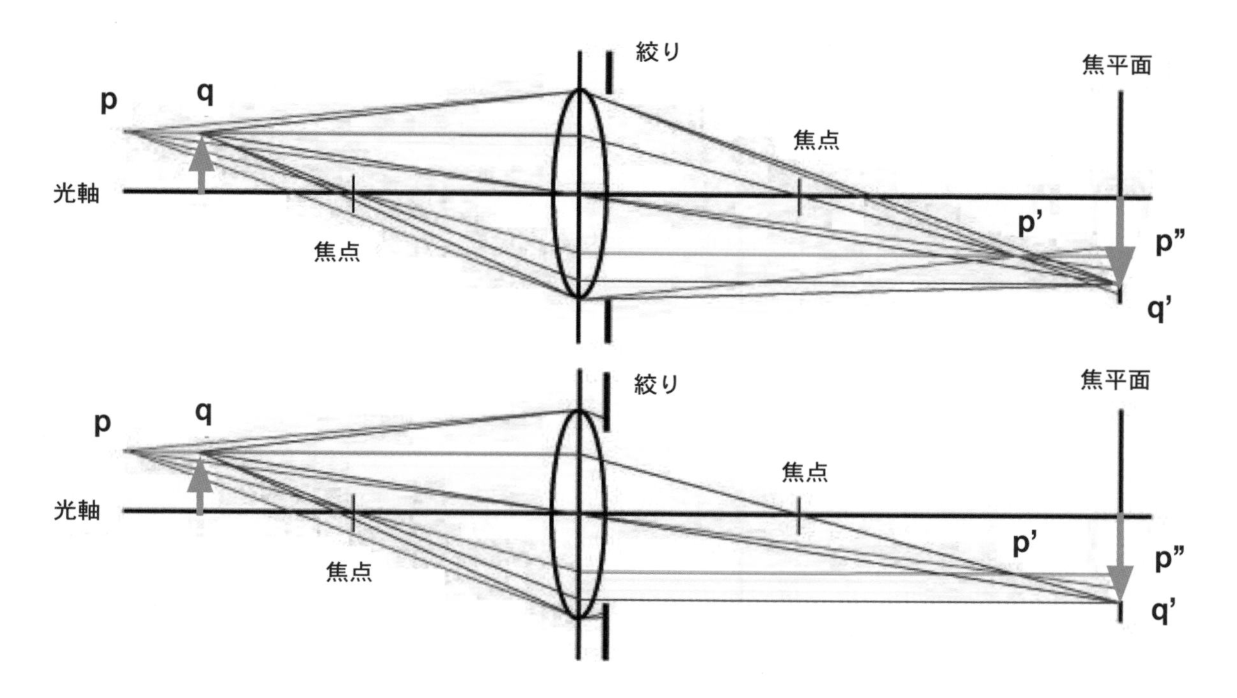

図 4-13 絞りとボケ

図 4-14 被写界深度の目盛

被写界深度は、一眼レフカメラのレンズに装備されている目盛りから読み取ることができます。単焦点のレンズでは絞り値Fの値から、ズームレンズでは対物距離の値から読み取ることができます。なお、被写界深度を読み取れないレンズもあります。

図4-14は、ズームレンズの例です。

図中Aの枠の中にある2列の数値（図中Cの枠を除く部分）は、対物距離の目盛です。上段の列がフィートで、下段の列がメートルで記載されています。この図では、対物距離は「3m」もしくは「10ft」に設定されています。

図中Bの目盛は、焦点距離の目盛りです。この図では、焦点距離は「50mm」に設定されています。なお、単焦点レンズでは、この場所に絞り値Fを調整する機能が装備されています。

図中Cの目盛は，被写界深度の目盛りで、太い白線の位置から設定されている焦点距離を示す細い赤線までの間が、遠方側の被写界深度となります。この図では、太い白線は対物距離「3m」に、焦点距離「50mm」を示す細い赤線は対物距離「5m」に合っており、遠方側では対物距離「3m」から「5m」が被写界深度となりますので、全体では「1m」から「5m」の範囲でピントが合うことになります。

4.6　画質評価

デジカメで撮影した写真画像をよく観察しましょう。一般ユーザーは内部で行われているカラー合成やカラー調整の詳細を知ることはできません。ピントが良く合っているか否か、カラーの再現ができているか否か、画像に特殊な現象が見られないか否か、解像力は出ているかなどをチェックします。ここでは、画質に関する原理や特徴についての知識を少し勉強しておく程度に留めます。

まず円形標識がピント良く鮮明に写っているか否かをチェックします。写真測量の精度は、基準点、パスポイントあるいは測定点に使用する円形標識の画質に依存します。パソコン上で画素が見える程度まで大きく拡大します。パソコン上では円形を二値化しますので、周りの色と白色の円形標識が明瞭に区別できるか否かをチェックします。円形標識が10画素以上の大きさに写っていれば安心です。

解像力（または**解像度**）は、アナログのフィルムでは、等間隔の白と黒の縞模様のペアが1mmに何ペア読み取れるかによって、評価しています。図4-15は解像力を評価するためのISO（国際標準機構）の解像度チャートです。このチャートを写真に写して、解像力（本ペア/mm）の限界を読み取ります。ネガフィルムで普通の航空写真で50本ペア/mmですが、ダイアポジテイブに直すと30本ペア/mmに低下するといわれていました。デジタル画像の場合、1画素の大きさと、従来の解像力（本ペア/mm）との関係が問題になりました。国際的な基準では、2.5画素が1本ペア/mmに相当するといわれています。例えば 30 本ペア /mm の場合、画素にすれば、33 μ（1/1000mm）ですが係数の 2.5 で割れば 13.2 μになります。10 μの画素サイズの場合、25 μすなわち 40 本ペアに相当します。現在、最小画素サイズは 2 μを切っていますので、フィルムの解像力でいえば、200 本ペア/mm に相当します。かなり高解像力が達成されていることが分ります。もちろんデジカメで解像度チャートを撮影して、解像力を評価しても良いです。図 4-15 に示した解像度チャートは、白色を背景に黒い線が交互に現れるさまざまな模様が描かれています。黒い線の幅が徐々に細く、幅も狭くなったり、くさび形状に徐々に細く、近づいていったりしています。これらの模様を撮影すると、黒線の細かさがレンズの解像度に近づくと線の淵が徐々に滲み始めてコントラストが低下し、最終的には一本の線としては認識できなくなります。解像度の評価は、1mm あたりに何本の線が入るまで識別できるかで判定し、本 /mm で表します。

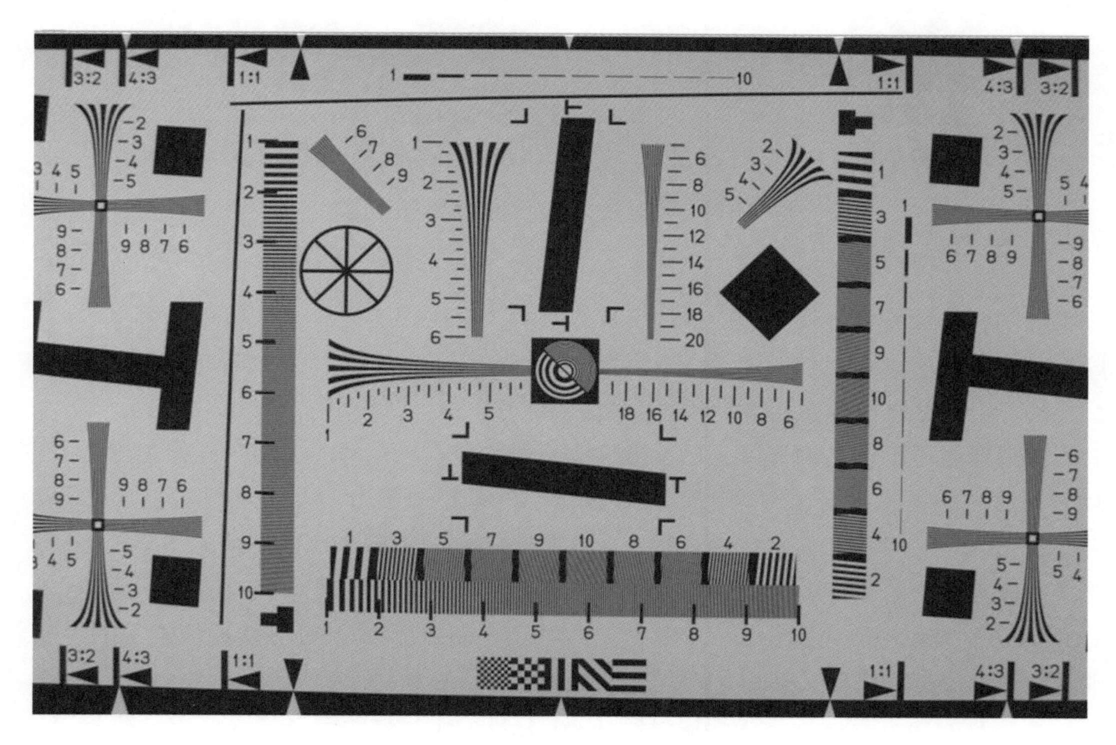

図 4-15 ISO 解像度チャート

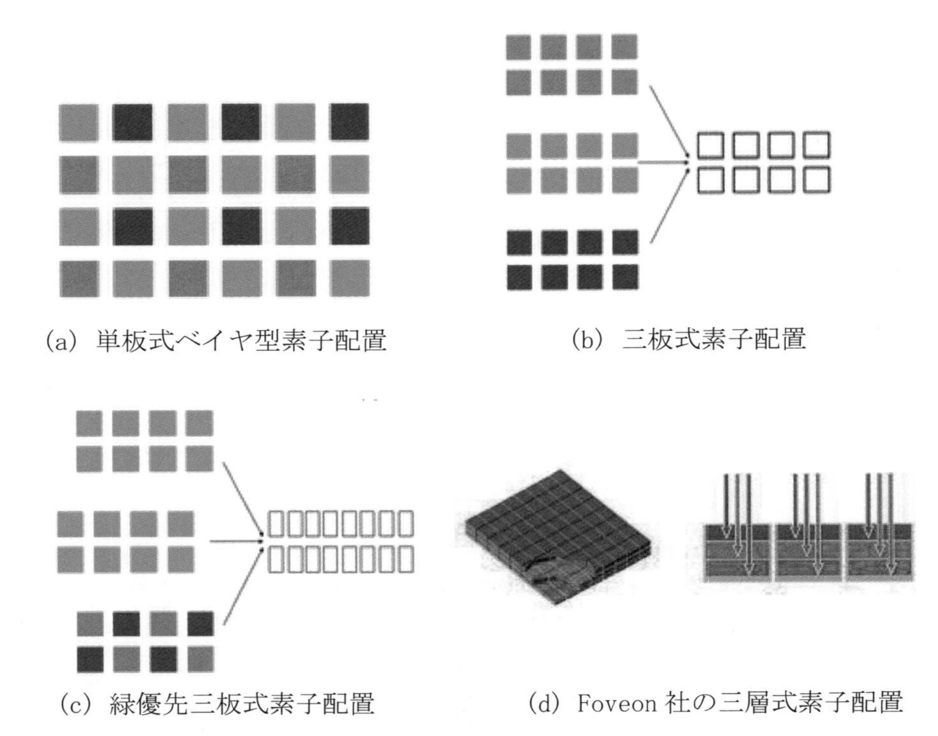

(a) 単板式ベイヤ型素子配置　(b) 三板式素子配置

(c) 緑優先三板式素子配置　(d) Foveon 社の三層式素子配置

図 4-16 デジカメの三原色素子配置

次に問題になるのがカラーです。デジカメのカラーがどういう仕組みで再現されているかを知っておくといいでしょう。ただしユーザーはカメラの内部でどんな処理が行われているかを知ることはできません。

固体撮像素子そのものには、色を識別する能力がないため、カラー画像を撮影するためにはさまざまな工夫が行われています。一般的な CCD の分光特性は、おおむね 300nm〜800nm でゆるやかな山型の形状（正規分布型）であり可視光域全体を充たしています。そのためカラー画像を作成するには、カラーフィルタにより光の三原色（R, G, B）に色分解を行う必要があります。また、Foveon 社の CMOS 固体撮像素子以外は、別々の画素でそれぞれ三原色を感光し、合成しています。

最も一般的なカラー画像の撮影は図 4-16（a）のようにカラーフィルタを画素毎にベイヤ型配列で配置するものです。ベイヤ型配列では、CCD の総画素数 N に対して、緑は N/2、赤および青は N/4 に振り分け、各画素の光の三原色は周辺画素の電荷による補間演算で作り出しています。緑の画素が他の 2 倍設けられているのは、人間の眼の分光感度が緑付近をピークとしていて、緑の解像力が見かけの解像力を向上させるためです。補間演算は、2 × 2 画素（4 画素）もしくは 3 × 3 画素（9 画素）に渡って周辺画素の電荷を集め、メーカ毎に独自の処理方法で行われています。補間演算で色が決められるため、明るくて細かい画像や明るい対象物の輪郭部分に本来の色ではない色が現れ、このことを偽色と呼ぶこともあります。固体撮像素子1枚によるカラー画像の撮影を単板方式とよびます。

高画質・高感度が要求される分野では、3板方式が多く採用されています（図4-16（b）参照）。これは光の三原色のそれぞれに対して1枚の固体撮像素子を割り当て、分光プリズムによって個別に感光させる方式です。光学系が高精度に組み上げられ、固体撮像素子が正しく貼り合わせられていることにより解像度の高い、にじみやボケのない画像を得ることが可能となります。

3板方式には、RGBを均等に配置する方式だけでなく、図4-16（c）のような2枚の緑色用素子を水平に半画素分ずらしているのもあります。この方式は、緑の情報がずれて得られることを利用し、ずれたもの同士が重なる1/4画素（横1/2、縦1/2の範囲）部分に対して色の補間演算を行い、見かけ上の水平解像度を向上させています。さらに、緑CCDを1枚だけにする2枚CCD方式のカラー撮像も可能で、これは2板方式と呼ばれます。

複数の固体撮像素子でカラー画像を撮影する方式、特に3板方式は偽色が起きず、個々の画素が光の三原色を個別に感光するために感度が高く、解像度も高くなるという特徴を持っています。一方、製造に高い技術が要求されて高価になったり、構造的にサイズが大きくなったりするといった欠点もあります。

Foveon社のCMOS固体撮像素子（図4-16（d））では、シリコン半導体の膜厚の深さによって吸収する波長が変わることを利用し、青色の吸収が多い膜厚の薄い表面近辺では青色を、最下層では一番深い所まで届く赤色を、中間では緑色をそれぞれ検知しています。シリコン半導体の膜厚だけを頼りに3色の色情報を得ていて、カラーフィルムと似た構造となっています。そのため、確実に同じ箇所からきた光の三原色によりカラー画像を作成でき、クリアです。ただ、全画素同時の電子シャッタでなく、受光部での電子効率があまりよくないため、計測用に向いているとはいえません。

デジカメで写されるカラーは必ずしも本当の色を再現しているわけではありません。特に太陽光との関係で様々な現象が生じます。ユーザーがカラー修正をできるわけではありませんが、特殊な現象の生じる原因は知っておいた方が良いでしょう。

固体撮像素子を使用して高画質の画像を得るために問題となるのは、特にCCDでのスミア現象やブルーミング、それからモアレです。

スミア現象（図4-17参照）は、転送部の役割も果たす受光部に、受光された電荷が垂直方向の隣接画素にまで溢れながら、転送されることをいいます。転送中にも光が入り続けたり、転送部の不完全な遮光や光の多重反射で側面から光が侵入したりすることによって縦方向に白いスジ状のノイズが生じます。スミア現象を無くすためCCDの構造を改良したり、製造技術の向上により遮光の性能を上げたり、マイクロレンズを使用して受光部に効率的に光を集めたりする工夫が図られています。一方、画素の高集積化や電子シャッタの採用などを伴う開発は、スミア現象を助長することでもあり、ほとんどでなくなったとはいえスミア現象は、携帯電話についているカメラや安価なデジタルカメラなどでは現れることがあります。

ブルーミングは、太陽光など明るいスポットが当たると電荷が隣の画素まで溢れだして像がにじむ現象です。特に構造上、垂直方向には漏れやすくなっています。ブルーミングを低減する方法としては、溢れ出た電荷を速やかに流すためのドレインが、受光部と受光部の間や受光部の下に設けられたりしています。

図 4-17 スミア現象（沼尻 治樹 氏提供）

モアレも固体撮像素子に現れる特徴的な現象です。モアレは、チェック柄の洋服のようなきめの細かい被写体を写したときに、きめが画像間隔と干渉し、本来とは異なる濃淡画像が現れることをいいます。モアレ対策として一般的に行われているのが、水晶による結晶板で作られたローパスフィルタにより高周波成分を除去する方法です。これにより画素サイズの2倍以下の成分がカットされ、解像度は画素サイズの倍の大きさとなります。言い換えれば、ピントを少し甘くしてぼかしてしまう方法です。計測分野のカメラでは、このような対策をしているものはあまりないようです。画像に作為的な行為を施されるより、撮影側に問題があってもそれを熟知していた方が対応しやすいという技術者側からの要望があります。

品質を評価する目安に、正規の信号の分散を雑音信号の分散で割った比である**S/N比**（Signal to Noise Ratio）が使用されます。普通S/N比は常用対数を10倍（電力比）または20倍（電流比）してデシベル（db）の単位で表わされます。シリコンによるフォトトランジスタでは、基板の熱によって生じる熱電子や受光部で検出した光電荷を増幅するときに生じるアンプ雑音、読み出しをリセットする際に発生するリセット雑音、入射光の多重反射などの迷光などがノイズとなります。これらのノイズと光によって蓄えられた電荷の量からS/N比が決まります。S/N比が大きいほどノイズに影響されない高画質の画像といえます。

第5章　カメラキャリブレーション

5.1　カメラキャリブレーションの目的と効果

カメラキャリブレーションの目的は、市販カメラなど非計測用カメラを写真測量に使用可能にするため、レンズの焦点距離、主点位置のずれ、レンズの歪曲収差の係数を正確に求め、精度の良い計測用カメラに変身させることです。

カメラキャリブレーションの効果は、わずか5～10万円程度の市販カメラが、200万円以上もするような測量機器（例えば、トータルステーション）と同等の精度の三次元測定を行えるようにすることです。

図5-1は極端な例ですが、広角レンズで撮影した建物がレンズの歪曲収差でゆがんでいます。この写真画像が、カメラキャリブレーションをすると正確な建物の写真画像に変換することを示しています。

図5-2はカメラの幾何学を示しています。焦点距離は、カメラのZ軸方向（光軸方向）のレンズ中心と結像面との距離をいいます。市販カメラではmm単位しか表示されておらず0.01mm単位の焦点距離を求める必要があります。主点は、光軸が結像面に結像する点で、写真測量では写真座標の原点になります。主点位置は結像面の中心とは必ずしも一致しておらず、微小なずれが生じます。歪曲収差については、5.2で説明します。

カメラキャリブレーション無し

カメラキャリブレーション有り

図5-1 歪曲収差の補正

図 5-2 カメラの幾何学

5.2 レンズの歪曲収差

写真測量で問題になる歪曲収差は、放射方向歪と接線方向歪の二つです。歪の影響は、放射方向歪が9割以上で接線方向歪は1割弱です。補正精度は、放射方向歪のみを補正しても、接線方向歪も含めて補正した精度に比べてそれほど変わらないことが報告されています。しかし、ここでは、精度を高めるため、放射方向歪と接線方向歪の両方の補正を示します。

放射方向歪（Δr）は、レンズ中心から放射線方向に外側または内側にゆがむ歪を言います。図5-3に示しますように、外側に歪むと樽（タル）型歪になり、内側に歪むと糸巻型歪になります。いずれも、奇数項のみの多項式で式5-1のように表わされます。

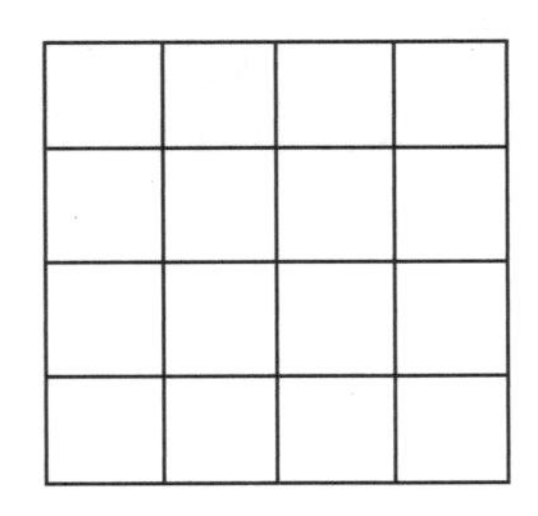

歪み無し

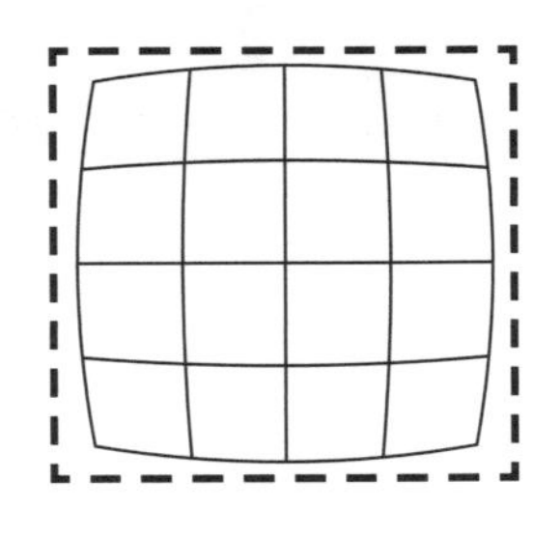

タル型歪み

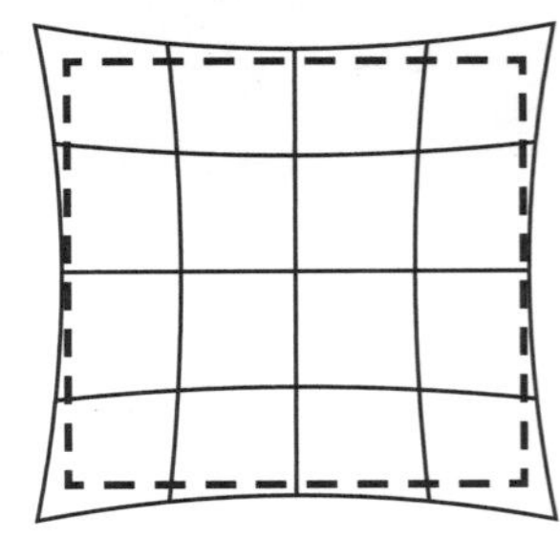

糸巻き型歪み

図 5-3 放射方向歪

$$\Delta r = K_1 r^3 + K_2 r^5 + K_3 r^7$$ 式 5-1

ここで、$r^2 = x_m{}^2 + y_m{}^2$

$x_m = x - x_p$

$y_m = y - y_p$

x_p, y_p: 主点位置ずれ

x, y：画面中心を原点とした 写真座標

K_1, K_2, K_3: 放射方向歪の補正値

接線方向歪を加えたレンズ歪（Δχ, Δy）の補正式は下記の式で表わせます。

$$\Delta x = (K_1 r^2 + K_2 r^4 + K_3 r^6) x_m + P_1(2x_m{}^2 + r^2) + 2P_2 x_m y_m$$
$$\Delta y = (K_1 r^2 + K_2 r^4 + K_3 r^6) y_m + 2P_1 x_m y_m + P_2(2y_m{}^2 + r^2)$$ 式 5-2

ここで、P_1, P_2：接線方向歪の補正値

5.3 カメラキャリブレーションの一般式

レンズの焦点距離 c に対する補正項Δc、主点位置のずれの項 x_p, y_p をすべて含めると、写真座標に対する補正式の一般式が次のように得られます。

$$\Delta x = x - x_p - x_m \Delta c / c + (K_1 r^2 + K_2 r^4 + K_3 r^6) x_m + P_1(2x_m{}^2 + r^2) + 2P_2 x_m y_m$$
$$\Delta y = y - y_p - y_m \Delta c / c + (K_1 r^2 + K_2 r^4 + K_3 r^6) y_m + 2P_1 x_m y_m + P_2(2y_m{}^2 + r^2)$$

式 5-3

ここで、カメラキャリブレーションの係数は、x_p, y_p, Δc, K_1, K_2, K_3, P_1, P_2 の8つとなります。単純化すればカメラキャリブレーションとは、これらの8つの未知係数を求めることになります。

8つの未知係数は、複数箇所からキャリブレーション参照体を撮影して、前に述べた共線条件式を立て、それぞれのカメラの位置と傾きの未知変数と一緒に同時解を求めます。このような解法を**セルフキャリブレーション付きバンドル調整**と呼んでいます。

式5-4はカメラキャリブレーションを考慮した共線条件式を少し変形して示しています。

$$x-x_p-\frac{x_m}{c}\Delta c+(K_1r^2+K_2r^4+K_3r^6)x_m+P_1(3{x_m}^2+{y_m}^2)+2P_2x_my_m=-c\,{X'}/{Z'}$$

$$y-y_p-\frac{y_m}{c}\Delta c+(K_1r^2+K_2r^4+K_3r^6)y_m+2P_1x_my_m+P_2(3{y_m}^2+{x_m}^2)=-c\,{Y'}/{Z'}$$

式 5-4

5.4 カメラキャリブレーションの手続き

カメラキャリブレーションは、図 5-4 に示す順序で行います。

1)　カメラの選択：まずキャリブレーションをしたいカメラを選びます。カメラの焦点距離の概略値（マニュアルに書いてある焦点距離)、画素数、画素サイズ（1 画素の寸法）などをあらかじめ調べておきます。

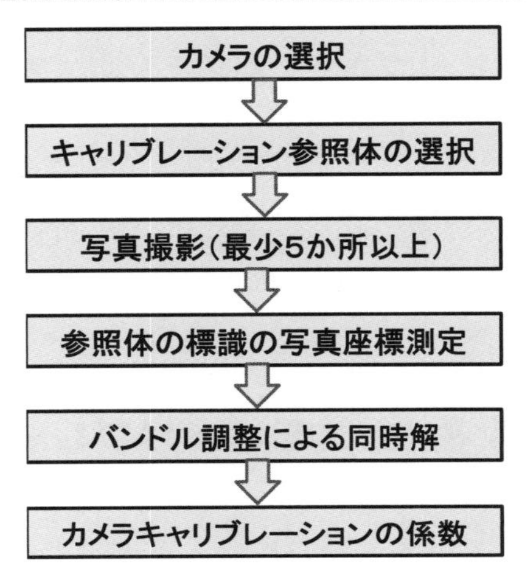

図 5-4 カメラキャリブレーションの手続き

2)　カメラキャリブレーション参照体の選択：カメラキャリブレーションを自分で行う場合、どんな参照体を使うか選択します。参照体は、大きく三次元に基準点を配置したものと二次元に配置したものがあります。焦点距離の算出精度は三次元配置の方が勝れています。二次元配置のものは簡便型といえます。二次元配置でも撮影方法を守ればレンズ歪はほとんど補正できます。三次元配置の場合、撮影距離にもよりますが、大体 50cm くらいの起伏があれば良いといわれています。基準点の数は多いほど良いですが、最低でも 50 点以上が必要です。図 5-5 は、様々な三次元配置のカメラキャリブレーションの参照体を示しています。これらの参照体の標識は全て正確に三次元座標が測定されています。図 5-6 は、株式会社トプコンが使用している二次元配置のキャリブレーション用シートです。基準点の写真座標はすべて自動認識され、その座標は自動測定されます。基準点の標識は前にいいましたようにすべて円形です。最近では、参照体の三次元座標または二次元座標が測定されていなくても、図 5-7 に示しますように、適当に標識を三次元的に配置すれば、自動的にカメラキャリブレーションをしてくれるソフトが開発されています。

図 5-5 参照体の例

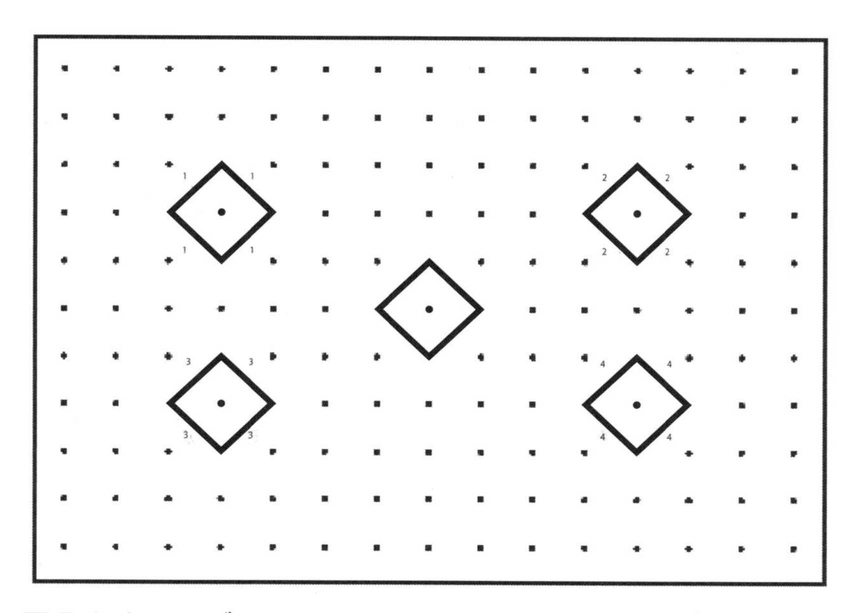

図 5-6 キャリブレーション用シート（株式会社トプコン提供）

図 5-7 三次元配置の標識

3)　写真撮影：カメラキャリブレーションのための写真撮影はきわめて重要です。正面から、少し右に動いたところから斜めに、少し左に動いたところから斜めに、少し上から下に向かって斜めに、少し下から上に向かって斜めに、最少でも5か所からの撮影が必要です。加えて正面から90度カメラを回転して撮影することを勧めます。正確を期す場合には似たような方法で9か所から撮影します。どの撮影の場合でも、参照体全部が画面いっぱいに写るようにします。できるだけ画面の端の方に標識が写るようにしませんと、レンズの歪みの補正が正確にできなくなります。中央に参照体を写すと中央付近のレンズ歪みしか補正できません。レンズ歪みは端の方ほど大きいので、端の方を写真に写すことが求められます。図5-8は、5か所から二次元配置のキャリブレーションシートを撮影した例です。図5-9は11方向からの写真撮影した例です。2枚はカメラを90度回転させています。

4)　バンドル調整による同時解：写真に撮影した参照体の標識はコンピュータによって自動認識され、その写真座標が自動測定されます。複数枚の写真に対して、カメラキャリブレーション付きバンドル調整が適用され、複数箇所で撮影したカメラの位置、傾き（三軸の周りの回転角）、焦点距離、主点位置ずれ、レンズ歪を表す係数（$K_1, K_2, K_3,\ P_1, P_2$）が同時に求められます。このうち、焦点距離、主点位置のずれ、レンズ歪み係数は、カメラキャリブレーションの補正値としてコンピュータに記録されます。

5)　カメラキャリブレーションの係数：図5-10はカメラキャリブレーションの結果を誇張してレンズ歪みを表わした例です。図5-11は、放射方向のレンズ歪を歪み曲線にして示した例です。横軸は主点からの距離を示し、縦軸はレンズの歪みを示しています。主点から離れた端の方ほど歪みが大きくなることが分かると思います。この図の例では、端の方で0.6mm（600μ）もあり、補正しなければ100画素近い誤差が生じ、測定には耐えられないことが分かります。コンパクトカメラの場合、ズームが効いて焦点距離が変わってしまいます。この場合、ズームの焦点距離ごとにカメラキャリブレーションを実施して、焦点距離別のキャリブレーションによるレンズ歪曲線を出しておく必要があります。実際にコンパクトカメラで被写体を撮影したらExifファイルからその時の焦点距離を読み取り、その焦点距離に対応するレンズ歪の補正をします。この場合ステレオ写真の2枚の写真に対しては同じズーム（または焦点距離）で撮影するほうがベターです。図5-12はコンパクトカメラに対して、異なる焦点ごとに求めたレンズ歪曲線です。

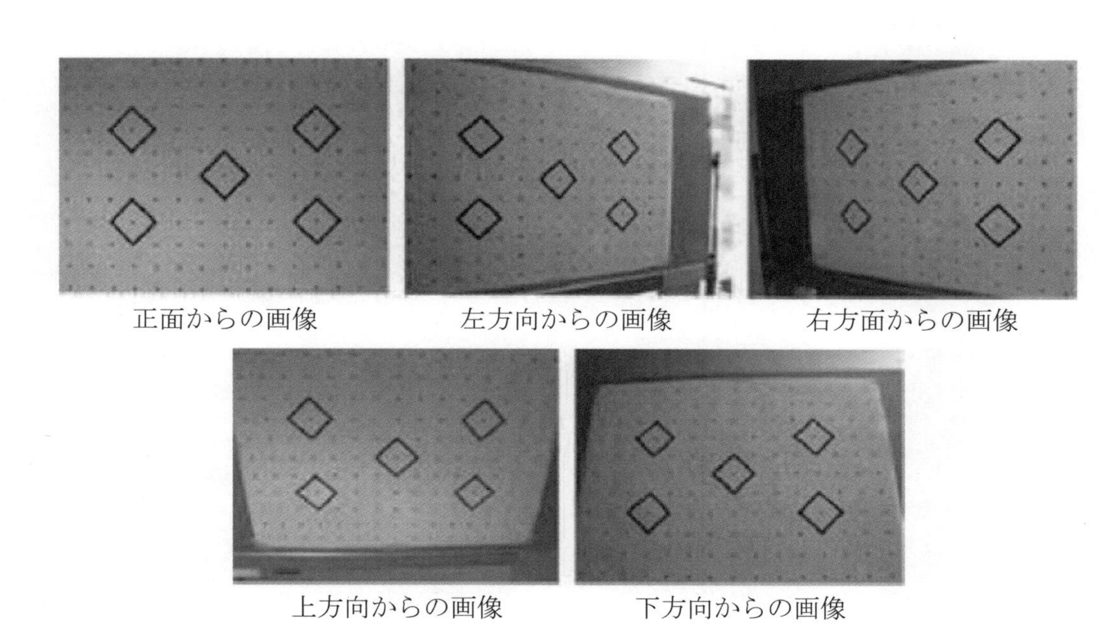

図5-8 5方向からの撮影

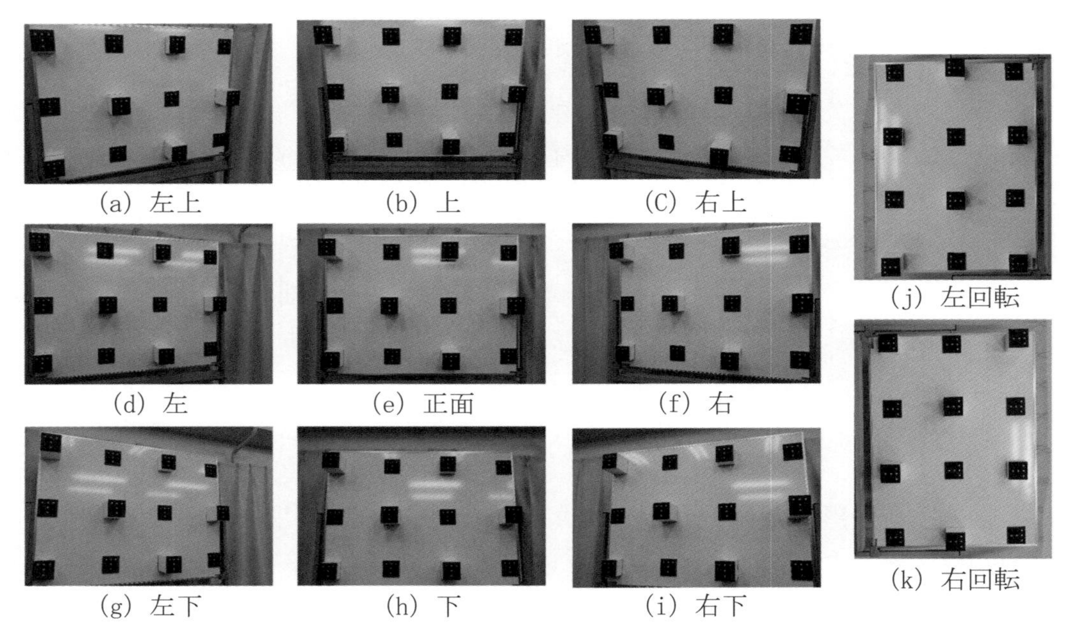

図 5-9 11 方向からの撮影

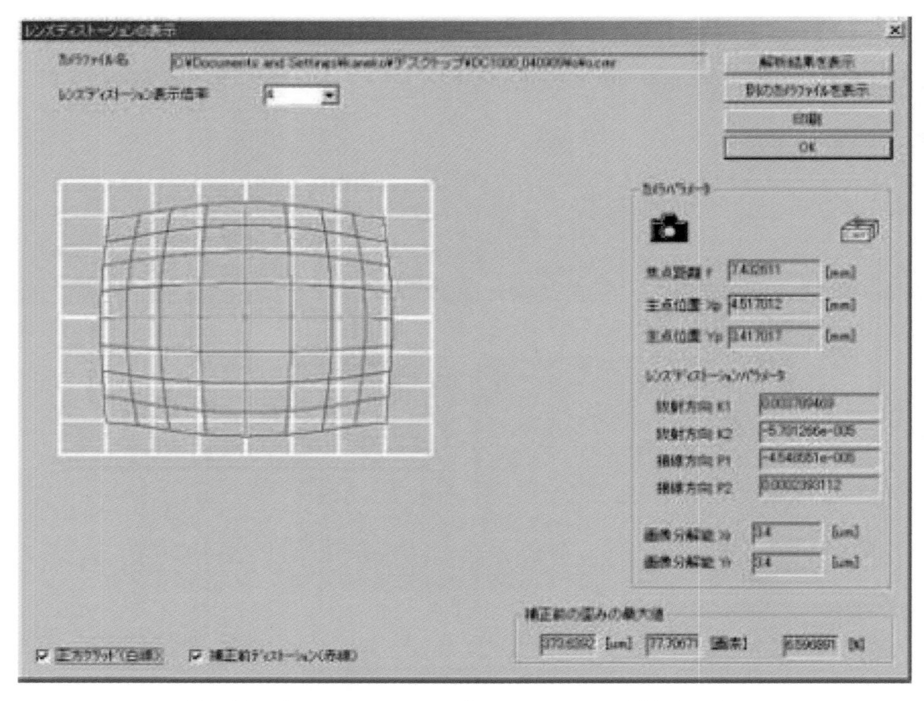

図 5-10 カメラキャリブレーション結果の表示

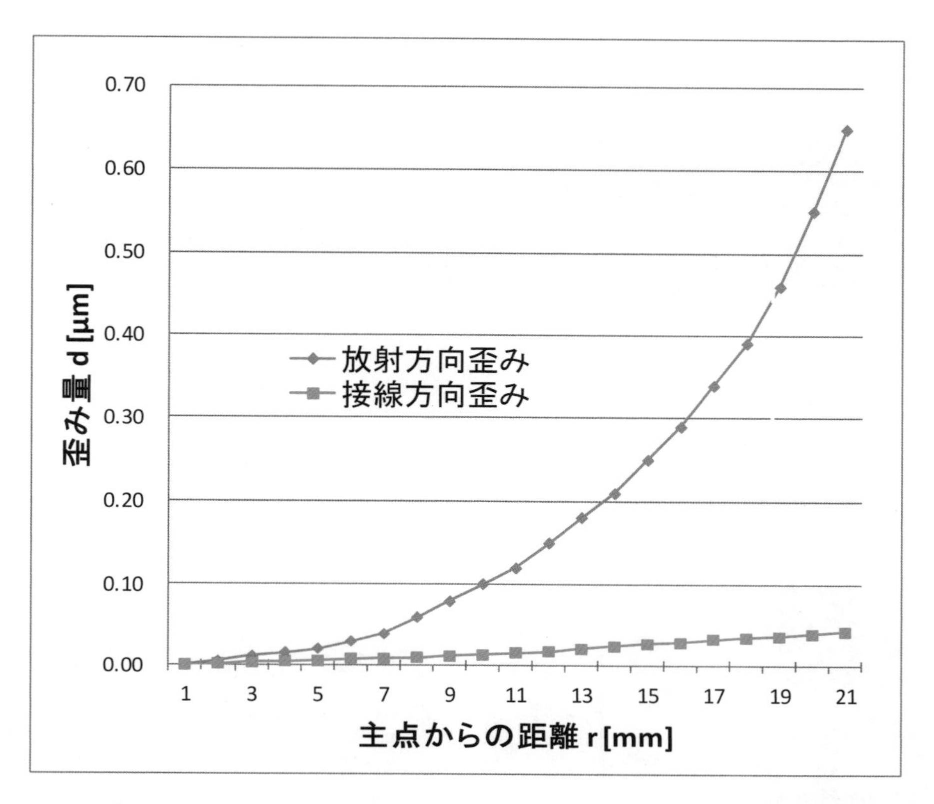

図 5-11 カメラキャリブレーションによるレンズ歪み曲線

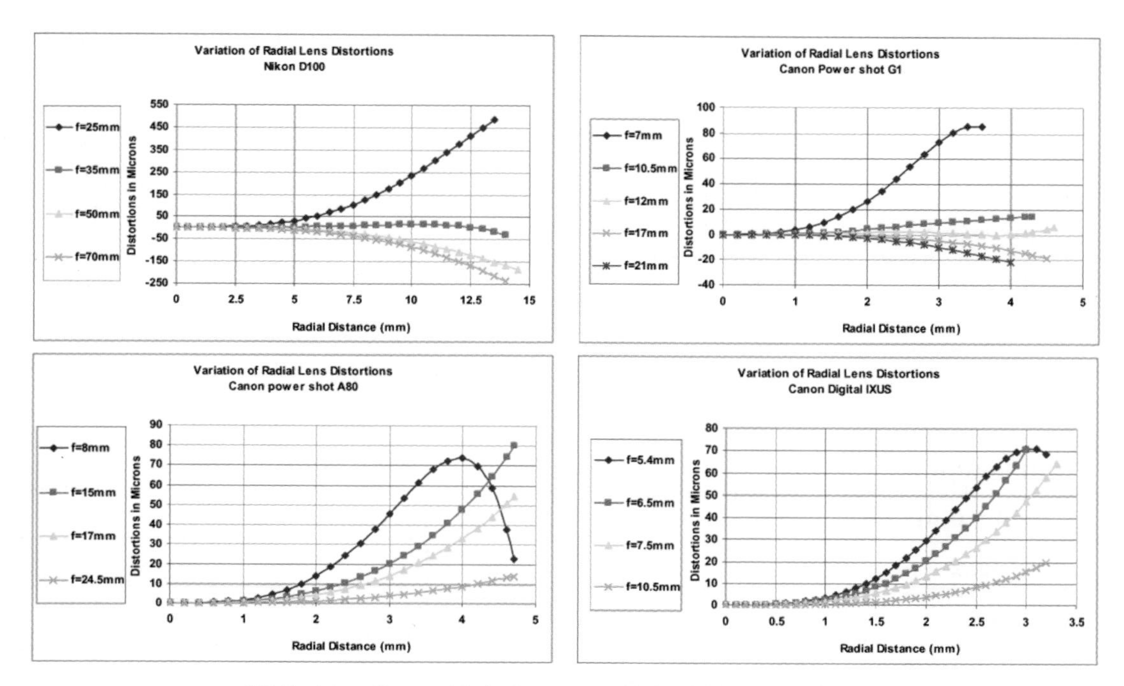

図 5-12 ズーム付きカメラの放射方向レンズ歪み

図 5-13 カメラキャリブレーション前後の写真（近津研究室提供）

Camera	K750i	N93	W100	F828
Sensor	CMOS 1/3.2” type 4.5 x 3.4 mm	CMOS 1/3.2” type 4.5 x 3.4 mm	CCD 1/1.8” type 7.2 x 5.3 mm	CCD 2/3” type 8.8 x 6.6 mm
Pixel size	2.8 micron	2.2 micron	2.2 micron	2.7 micron
Resolution	1632 x 1224 2 mega pixel	2048 x 1536 3.2 mega pixel	3264 x 2448 8 mega pixel	3264 x 2448 8 mega pixel
Lens	Na	Carl Zeiss Vario-Tessar	Carl Zeiss Vario-Tessar	Carl Zeiss T* Vario-Sonnar
Focal length	4.8 mm	4.5 – 12.4 mm	7.9 - 23.7 mm	7.1 - 51.0 mm
Optical zoom	No	3X	3X	7X
Auto focus	Yes	Yes	Yes	Yes
Aperture	F2.8　(fixed)	F3.3　(fixed)	F2.8 - 5.2	F2.0 - 8.0
Output format	Only JPEG	Only JPEG	Only JPEG	JPG and TIFF

図 5-14 異なるカメラの仕様（Armin Gruen 氏提供）

図5-13は、カメラキャリブレーション前と後で写真画像が補正された例を示しています。

図5-14は、次の4つの異なるカメラのカメラキャリブレーションの結果の違いを比較したものです。

1）　ソニーエリクソンの携帯電話のカメラ（K750i）：焦点距離；4.8mm、CMOSセンサー、200万画素、画素サイズ；2.8μ

2）　ノキア携帯電話のカメラ（N93）；焦点距離；4.5～12.4mm（3倍ズーム付き）、CMOSセンサー、320万画素、画素サイズ；2.2μ

3）　ソニーコンパクトカメラ（W100）：焦点距離；7.9～23.7mm（3倍ズーム付き）、CCDセンサー、800万画素、画素サイズ；2.2μ

4）　ソニー一眼レフカメラ（F828）：焦点距離；7.1～51.0mm（7倍ズーム付き）、CCDセンサー、800万画素、2.7μ

44点の標識（基準点10点、チェックポイント34点）を使用したカメラキャリブレーションをした結果は、下記の通りでした。写真上での誤差（残存レンズ歪）およびカメラキャリブレーション参照体の三次元座標に対するチェックポイントの誤差を示しています。ここではY誤差は奥行き方向で、奥行き方向の誤差が一番大きいことが分かります。カメラキャリブレーションをすれば、近接撮影の場合、実物モデルで、携帯カメラで約1mm、コンパクトカメラで0.2～0.4mm、一眼レフカメラで0.1mm近い精度で写真測量が可能であることが分かります。

カメラ	写真上での誤差 上段：μ／下段：画素	X誤差 mm	Y誤差 mm	Z誤差 mm
ソニー携帯電話 (K750i)	1.18 0.42	0.61	1.13	0.37
ノキア携帯電話 (N93)	0.52 0.24	0.45	0.62	0.23
ソニーコンパクト (W100)	0.55 0.25	0.30	0.37	0.22
ソニー一眼レフ (F828)	0.27 0.10	0.08	0.13	0.06

(Armin Gruen氏提供)

第6章　自動写真測量

強力な**自動写真測量**が、コンピュータビジョン分野から登場しました。**SfM**（Structure from Motion）と呼ばれることが多い手法で、国土交通大臣が定めた作業規程の準則では**三次元形状復元**として規定されています。本章は、主にSfMについての解説です。SfMは、これまでの写真測量と基本的には同じです。違いは、自動化が優先され、三次元点群データ作成においては、完全に自動化されているといっても過言ではないでしょう。したがって、本章のタイトルは「自動写真測量」としています。

では、何故、自動写真測量が測量分野から登場しなかったのでしょうか。それは、目指しているものが測量分野とコンピュータビジョン分野とでは違っているからです。測量は精度の確保を第一優先としていますが、SfMは外乱やノイズがあっても処理が完了することを優先します。ロボットなどの制御では、処理の継続が、精度の確保より優先されるからです。ただSfMは、その優れた自動処理によって、測量分野でも利用されるようになりました。カメラや撮影方法などに、細かい注意を払わなくとも処理が完了し、現実空間を点群で見映え良く再現してくれます。

解析図化機が測量業界に普及し始めた1980年代に、測量業界に就職し、解析図化機を使った多くの近接写真測量業務に携わった著者（津留）にとっては衝撃です。解析図化機を使用することによって文化財や人工構造物、変形地形といったさまざまなものが簡単に定量化できるはずでしたが、実際には期待したほどではありませんでした。

現在も基本的な状況は変わっていませんが、解析図化機、現在ではデジタル写真測量システムでの空中三角測量における調整計算（本章では**標定計算**）では、計算処理が破綻することがあるのです。空中三角測量ができなければ、当然ながら定量化した成果を作ることはできません。請け負った仕事を投げ出さなければなりません。これは企業にとっては大きな痛手です。

その後に登場した地上レーザスキャナは、途中で処理が破綻することはない測量機でしたので、随分、羨ましく思いました。これと同じく、SfMは自動化を達成してくれました。この利用を円滑にすることを目的とし、本書改訂第2版の刊行にあたり、自動写真測量として解説することにしました。

6.1　自動写真測量の流れ

第3章において、デジタル写真測量の流れと計画について記載しました。また、その流れ図を図3-1に示しています。これらは、空中写真測量をはじめ、図化や観測の精度担保を目的とした手法について解説したものです。ここでは、自動的に三次元点群データを作成することを目的とし、その流れ（図6-1）を解説します。

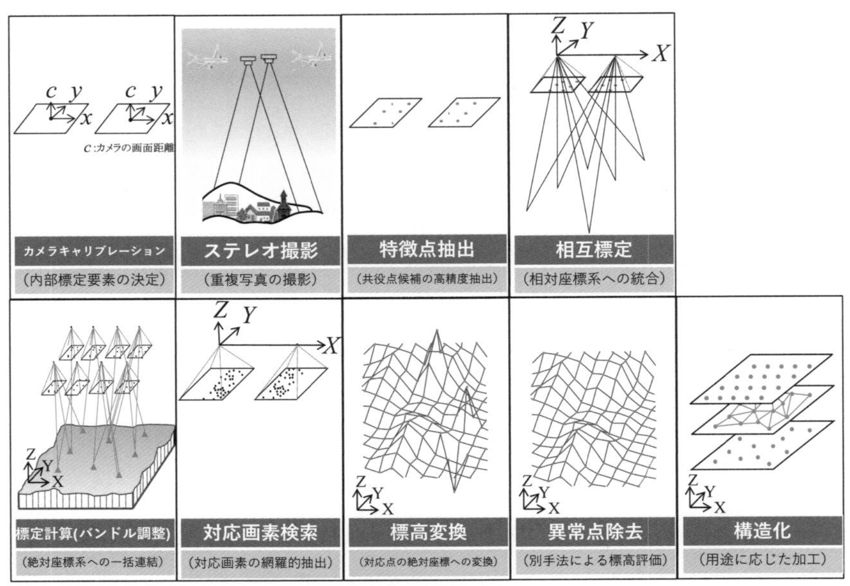

図6-1　自動写真測量の流れ

（１）　カメラキャリブレーション（内部標定要素の決定）

写真測量では、レンズの焦点距離や歪み、画像上の主点位置といった内部標定要素を、カメラキャリブレーションによって予め決定しておくのが基本です（第５章参照）。そのため、単焦点のレンズを用い、三次元観測する被写体の位置にピントを合わせ、フォーカスリングをテープなどで固定します。

内部標定要素は、標定計算時にセルフキャリブレーションと呼ばれる機能によっても決定できますが、正確性に劣ります。

カメラキャリブレーションで得られた内部標定要素は、相互標定や標定計算に用いられます。その際、焦点距離が不正確であったり歪みが大きいレンズを使用していると、標定計算処理が破綻したり、辻褄合わせをして、位置精度が担保されない成果が作成されることがあります。

（２）　ステレオ撮影（重複撮影）

被写体を重複して**平行撮影すること**（**ステレオ撮影**）そのものが写真測量で、地形図作成用では、進行方向には最も高さ精度を確保しやすい60%重複を基本としていますが、自動写真測量では80%から90%とされています。隣のコースとは、地形図作成用では立体視にならない場所が発生しないように30%の重複で行われますが、自動写真測量では60%で撮影されます。

このように自動写真測量での重複度が大きいのは、特徴的な形状や模様（これらを「**特徴点**」と呼ぶ）を自動的に検出し、重複する写真間を連結するための共役点抽出を容易にするためです。ただ、重複度が大きくなるにつれて隣接する写真間の視差々が小さくなり、高さ精度は低下します。

（３）　特徴点抽出（共役点候補の高精度抽出）

ステレオ撮影の終了後、自動写真測量では、特徴点抽出から標高変換までの処理が、標定点の観測を除いて自動で行えます。この中で、特徴点抽出から相互標定、標定計算までの３つの処理が、測量分野で空中三角測量と呼ばれる作業となります。

特徴点抽出では、共役点の候補となる特徴的な場所を抽出します。

共役点とは、航空写真測量ではパスポイントやタイポイント、近接写真測量ではタイポイントと呼ばれるもので、重複する写真間に写った同一箇所で、重複して撮影された写真の何れか２枚以上の写真で観測されるものをいいます。この共役点を使用して写真同士をつなぎ合わせ、三次元観測ができるようにします。

共役点は、航空写真測量では、進行方向での写真間の重複箇所（60%重複の２枚の写真）には６点（これは**パスポイント**と呼ばれます。図 4-4）、隣接するコース間での重複箇所（30% 重複で、２枚から４枚の写真が重複）では進行方向の写真で１枚ごとに１点（これは**タイポイント**と呼ばれます）、それぞれ選定、**点刻**（針で航空写真フィルムに穴を空ける作業）、観測されるのが基本です。タイポイントは、その位置がパスポイントの位置と一致する場合は、パスポイントで兼ねることもできます。これらの共役点は図 6-2 の配置が理想的で、必要最低限の数で正確な外部標定要素を求めることができます。

航空写真測量における共役点の選定、観測は人によって行われますが、画像処理に置き換えると、画像同士の相関（画像相関）が高いところや画像値（輝度）の差（輝度差分）が小さいところなどが選定、観測されます。一方、自動写真測量では、最初に個々の写真で色変化に基づく特徴的な箇所を抽出し、それらを特徴点とし、重複する写真で似た特徴点が検出できれば共役点とされているようです。特徴点は座標で記

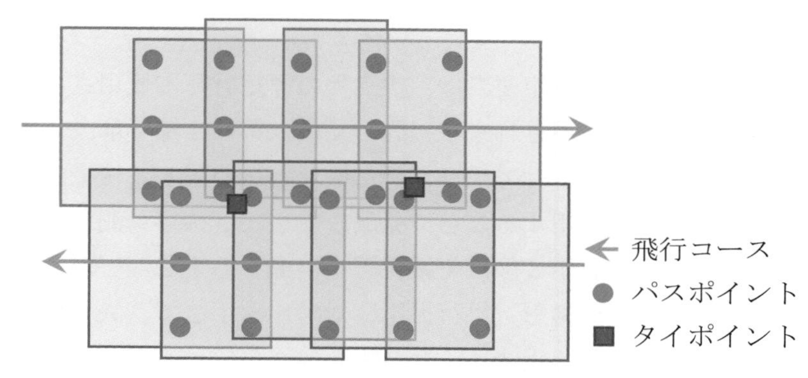

図6-2 航空写真測量における共役点の配置

録されるため、点刻する必要はありません。

無人航空機からの平行撮影による写真を用いる場合、自動写真測量では写真間の重複度を極端にならない程度に大きくします。平行撮影で重複度を大きくするということは、より近い位置から撮影することであり、同一被写体の特徴点同士は、写り方の違いが少なくなって検出しやすくなるとともに、特徴点同士の相対位置関係（ステレオ写真に写る２つの特徴点の横視差の差。**視差々**と呼ばれる。視差差により２つの特徴点の標高差を求めることができる）が近くなって処理を高速化しやすくなります。また、隣接する写真が分かっていることも高速化に有利なため、写真名や撮影時刻を頼りに隣接関係を推定して処理するものもあるようです。

自動写真測量における特徴点の抽出は、共役点としての組み合わせも含め、第6.3節でSIFTと呼ばれる手法を代表例として解説します。共役点として適切か否かの判定は標定計算の中に組み込まれているため、第6.4節で解説します。

（４）　相互標定（相対座標系への統合）

たくさん抽出した特徴点から適当なものを使用して共役点とし、相互標定を行います（第1.8節参照）。

相互標定とは、重複する２つの写真の相対関係を求める処理です。相互標定は射影変換の一種で､射影変換では５個の点があれば空間を決めることができます。つまり、それぞれの固体撮像素子上の５つの共役点から出てレンズ中心を通過した光線の対が空間上で交われば、共役点以外の箇所から出た全ての光線も対となるものと空間上で交わることになります。したがって、相互標定では５組の共役点を使用し、それらの組がそれぞれ空間上の１点で交わるように処理します。

また、相互標定は、最初に実施したステレオ写真を原点座標として隣接する写真へ次々と相互標定して写真全体をつなぎ、全ての写真の標定要素を任意座標系で算出します。これは、従来の航空写真測量での接続標定に相当しますが、現在の航空写真測量では直接定位（GNSS/IMUとも呼ばれる）によって外部標定要素が得られますので、相互標定は行われません。

得られた任意の座標系での標定要素は、次工程の標定計算に使用される解法（バンドル調整）の初期値として使用されます。詳しくは、第6.4節で解説します。

相互標定は、航空写真測量ではアナログ図化機などを使用し、機械的に行われていました。また、数値計算を適用することで発展してきた近接写真測量の場合には、共面条件に当てはめる手法（第1.8節）や縦視差を消去する手法などが用いられてきましたが、これらの手法は**収斂撮影**（平行撮影に対峙する手法で、異なる場所から同じ場所にカメラを向けて撮影する手法）したステレオ写真では不安定となりがちですので、コンピュータビジョン分野では行列を使用して代数的に解く手法が発展しているようです。

このような手法で相互標定は行われますが、最初に書いたように相互標定は５組の共役点があれば実行することができます。一方、コンピュータビジョン分野での共役点候補である特徴点は、膨大な数が必要とされています。これは自動抽出を前提としているためであり、自動抽出では観測精度の低い特徴点や誤った共役点の組み合わせが多く発生するためです。そのためRANSAC（RANdam SAmple Consensus）といった最適な共役点を推定する手法と組み合わせて処理されます。例えば、任意に抽出した５組の共役点を使用して相互標定し、他の組の共役点については任意の閾値以内で交わるものを集計し、集計数が最も多くなる５組の共役点の組み合わせを最適解とします。

（５）　標定計算（絶対標定、ブロック調整）

標定計算とは、写真の撮影状態（カメラの位置や傾きなどで、標定要素と呼ばれる）を再現するための一連の処理で、ここでは相互標定で得られた任意の座標系の標定要素や共役点を、地上座標系へ投影する処理という狭義で使用しています。調整計算と呼ばれることもあります。

標定計算の手法として測量分野では、多項式法や独立モデル法、バンドル法などが知られています。これらの中で、バンドル法は、計算量は膨大となりますが、カメラの幾何学的な性質をそのまま利用していて調整能力が高いため、コンピュータの性能が向上した現在の標準手法となっています。

バンドル法は、観測対象とレンズ中心、そして写真上の像点が光線によって一直線上にあるという共線条件式を解いて外部標定要素や地上座標系での共役点座標を求める手法です。共線条件式は求める外部標定要素に対して**非線形**（変数が式の分母に入っていたり三角関数などが使われていたりする式）であることから、解法には初期値を与えて交会残差の二乗和を最小にする**非線形最小二乗法**が用いられます。

測量分野では、非線形最小二乗法にはカメラの姿勢を３軸の回転角で表現し、初期値の周辺で線形化する手法が採られてきましたが、コンピュータビジョンの分野では撮影の向きが測量分野のように平行とは限らず初期値の設定が難しいため、四元数による手法や軸と回転による手法、回転の微分を変数とする手法などが用いられ、収束にはガウス・ニュートン法やレーベンバーク・マーカート法などが用いられています。

非線形最小二乗法では、偶然誤差以外に系統誤差も同時に解くことが可能です。このような系統誤差も同時に解くバンドル調整は、測量分野では**セルフキャリブレーション付きバンドル法**と呼ばれ、初期の空中写真測量では、系統誤差の観測が困難であった大気や地球曲率の補正に限られていました。内部標定要素については予め精密に測定（いわゆるカメラキャリブレーション）する与件とされていました。コンピュータビジョン分野でも、カメラキャリブレーションに使用する標識は二次元で、写真測量分野で使用される三次元の標識に比べて精密さは劣りますが、カメラキャリブレーションで得られた内部標定要素が与件とされているようです。自動写真測量でも、ロボット制御などのカメラを選択できる産業分野では写真測量分野と同じようですが、インターネット上に公開されたさまざまなカメラで写された不特定多数の写真を使用することを前提としている観光などの分野やそこから派生した無人航空機（ドローンあるいはUAV）からの三次元点群データ作成などの分野は、セルフキャリブレーション付きバンドル調整が基本となっているようです。

> 誤差の原因を分類すると次の３つになる。
> １．**系統誤差**：一定条件の下では一定量の誤差が生じるという関係の分かっているもの。これを細分類すると機械的誤差（機械の特性や目盛の不正）、物理的誤差（温度・湿度など測定時の条件によるもの）および個人誤差（熟練者に一定の傾向の現れることがある）の３つになる。（後略）
> ２．**偶然誤差**：誤差の大きさならびに正負が不定不規則で、その原因が十分判明しないもの。これを検定や計算によって除去することができないが、十分な注意と熟練によって多少その量を減少させることができる。（後略）
> ３．錯誤［**過誤**］：観測者の不注意・錯誤・未熟などによる誤り、機械操作・目盛読取り・記帳・計算機入力・整理の各段階で起こり得る。これを便宜上誤差の中に含めているが、本来誤差とは異質の誤りであって、このような誤りがあれば、観測値を補正することはできない。
> 森忠次著『測量学１基礎編』（丸善）より

日本写真測量学会編『解析写真測量』では、バンドル法の特徴を次のように解説しています。多項式法や独立モデル法と比較して理論的には厳密な調整が行え、取り扱えるデータや未知数の数が多い。一方、未知数の初期値が悪い場合には計算に時間がかかったり、発散したりする（計算が収束せずに、解を得られない）。セルフキャリブレーションを使用する場合には、観測誤差が小さいことが不可欠です。

これらは、バンドル法が最小二乗法で解かれていることに起因しています。最も確からしい結果を得るには、観測値が**正規分布**（図6-3）している必要があるのです。観測値が正規分布していない場合は、分散（バラツキ）が小さいと思われる値が出力されるだけで、真の値は推定されません。

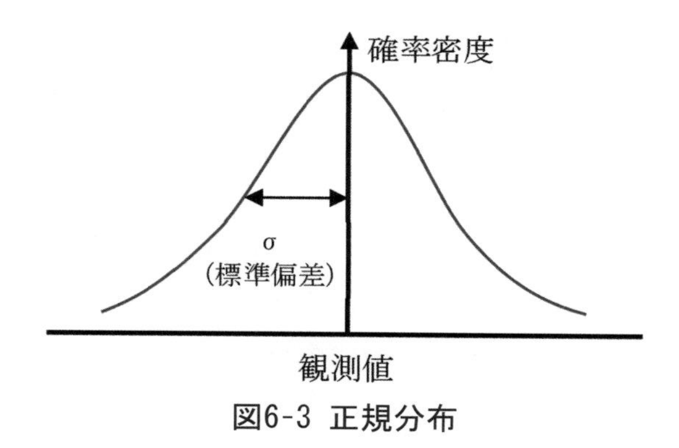

図6-3 正規分布

（６）　対応画素検索（同一画素の網羅的抽出）

対応画素検索とは、重複して撮影された写真同士の同一画素を探し出すことをいい、それらの視差が計算されて標高に変換されます。

航空写真測量では、２枚の重複した写真同士での対応画素検索が標準的で、ステレオマッチングと呼ばれます。航空写真測量でも、ラインセンサーを使用して同一範囲を三方向から撮影する場合は、３枚の写真から対応画素を検索するため**トリプレットマッチング**と呼ばれます。自動写真測量では、多数の写真が重複して撮影され、それらの多数の写真から対応画素を検索し、最適なもののみに絞り込み、平均処理等で結果を出します。これが**マルチビューステレオ（MVS）**を呼ばれるようです。

対応画素検索には、大きな課題がふたつあります。ひとつは同一箇所の判定、もう一つは同一箇所の高速探索です。

同一箇所の判定には、類似度が用いられます。この時、同一箇所を写した写真は、異なる場所から中心投影で撮影されるため、視差が発生して起伏や凹凸があるものは異なる形状で写ります。つまり、同一箇所でも写真毎に変形して写っているといえます。したがって、類似度が高くても同一箇所でなかったり、同一箇所でありながら類似度が低かったりする場合があるのです。

高速探索が困難な理由は、航空写真や衛星画像においては画素数が多いことが上げられます。対応画素検索は、重複する片方の写真の中の任意の範囲（例えば５×５画素）を**テンプレート**とし、もう片方の写真において類似する範囲（５×５画素）を網羅的に探していくことを基本としていて、計算量が膨大となります。

同一箇所を探し出す主な手法としては、テンプレートマッチングと構造マッチングがあります。

テンプレートマッチングは、前述のようにテンプレートとして位置付けた任意の範囲に、重複する写真から同じ大きさの範囲を重ね合わせて類似度を求めて判定する手法です。

構造マッチングは、写真から特徴を抽出し、それらの形や空間的位置関係を線図形として表現し、線図形の類似度で判定する手法です。

テンプレートマッチングは、重複する写真の同一箇所の形状が同じか似ていることを前提にした手法で、平行撮影が基本である航空写真や地形・地物の倒れ込みが少ない衛星画像に適用されてきました。構造マッチングは、重複する写真の同一箇所の形状が異なって写っていても対応できるため、収斂撮影された写真で発達しましたが、網羅的には同一箇所を抽出しないため、対応画素検索には利用されていないと思われます。

テンプレートマッチングには、相関係数による手法やSSDA法（Sequential Similarity Detection Algorithm、残差逐次検定法）、最小二乗マッチングなどがあります。

相関係数による手法は、設定した任意の範囲同士の相関が高いところを同一箇所とする手法です。相関係数は、輝度の線形変換の影響を受けないため、重複する写真間でコントラストや明度の差があっても対応できます。一方、同一箇所特定の精度は高くなく、探し出すのに時間を要します。

SSDA法は、設定した任意の範囲同士に対して画素値の差分を求め、その差分の絶対値の和又は二乗和により同一箇所かを判定する手法です。計算処理が差分の算出と、設定した範囲内での差分の加算だけとなるとともに、加算された値が急激に拡大する場合は、同一箇所でないとして処理を打ち切ることができるため、処理時間が短くなります。一方、加算された値が同一箇所と判定できるか否かの適切な閾値を決めるのは、困難といわれています。

最小二乗マッチングは、非線形最小二乗法を使って設定した任意の範囲同士に対する輝度と幾何形状の変換を行い、その残差の和が最小となるところを同一箇所とする手法です。同一箇所の形状が多少異なっていても対応できますが、非線形最小二乗法を用いるため正確な初期値が必要となります。

以上のような同一箇所の探索は、さまざまな高速化が工夫されています。例えば共面条件を用いて縦視差のない立体を構成する写真（**エピポーラ画像**と呼ぶ）を作成し、画像の行（ロウ）方向のみを処理範囲とします。写真同士の重複度から処理が必要な範囲が、共役点の視差々から探索に必要な画素数を絞り込むなどの工夫も行われます。

また、同一箇所を精度よく探し出すには、解像度の高い写真を使う必要があります。しかしながら解像度の高い写真は画素数が多くて処理時間が長くなるとともに、小さい地物までが判読でき、写真のテクスチャーによっては同一箇所候補が多く検出され、誤検出が増加します。解像度の低い写真では、ひとつの画素の地上寸法が大きくなって輝度や形状の違いが平滑化されるため、類似度の判定精度は向上します。しかしながら、画素の地上寸法が大きいために目的とする標高の精度は低くなります。このような写真画像の特徴を踏まえた同一箇所を探し出す手法として、粗密探索（Coarse to fine）法があります。**粗密探索法**は、元の写真を幾つかの階層で解像度を低下させた画像ピラミッド（図6-4）を用意します。例えば、元の写真を最下層の1/1画像とし、そこから４画素を１画素にまとめて1/4画像、同様に1/16画像、1/256画像といったように上位層を作成します。そして画素数が大きく減少した最上位の画像で同一箇所を探し出します。最上位の画像を使用することで、視差々の画素数が少なくて探索範囲が狭くなるとともに、輝度や形状が平滑化されて同一箇所の類似度が高まります。

次に、ひとつ下の層で、上位で探し出した同一箇所の範囲内のみにおいて、より詳細な同一箇所を探し出す処理を行います。このようにして、次々と最下層まで処理していきます。このとき、上位の層では相関係数による手法やSSDA法によって同一点を探し出す処理を行い、最下層では相関係数による手法やSSDA法によって得られた結果を初期値とする非線形最小二乗法で最小二乗マッチングを行い、同一箇所の形状の違いも考慮した処理を行います。

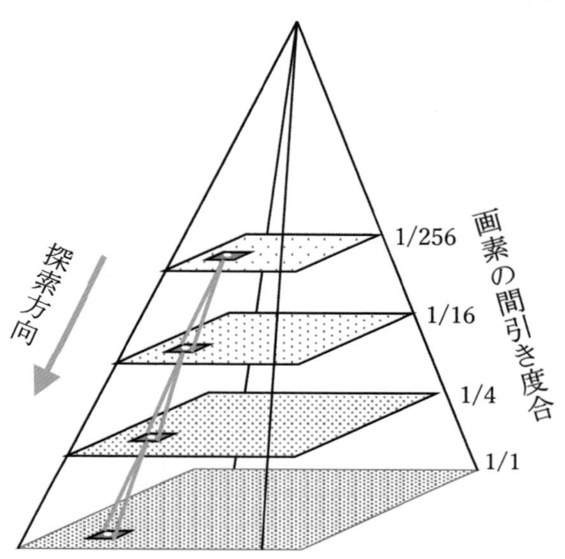

図6-4 画像ピラミッド

（７）　標高変換（写真座標の標高への座標変換）

対応画素を抽出することで、立体視を構成する写真間での同一箇所の視差を観測することができ（第1.5節参照）、その値から簡単な幾何計算で標高を算出することができます。

本書では、標高変換に触れたところがありませんので、ここで標高変換について解説しておきます。

図1-14を、モデル座標系のY軸方向へ投影したのが図6-5です。この図中で撮影した点0_1と0_2の距離、すなわち撮影基線長をbとすると、同一箇所Aは左右の写真上では写真座標でa_1（x_1, y_1）、a_2（x_2, y_2）に写像されます。このとき共面条件によりy_1とy_2は、同じ値になるため、視差の大きさ（視差々）は次の式で定義されます。

$$p_a = (x_1 - x_2) \qquad \text{式 6-1}$$

カメラの画面距離をf、カメラからA地点までの高さをhaとすると△$A0_10_2$は、a_1を$a_{1'}$に展開して作成できる△$0_2a_{1'}a_2$と相似で、次の式が導けます。

$$\frac{p_a}{b} = \frac{f}{h_a} \qquad \text{式 6-2}$$

したがって、A地点の高さは次式のとおりとなります。

$$h_a = \frac{b \cdot f}{p_a} \qquad \text{式 6-3}$$

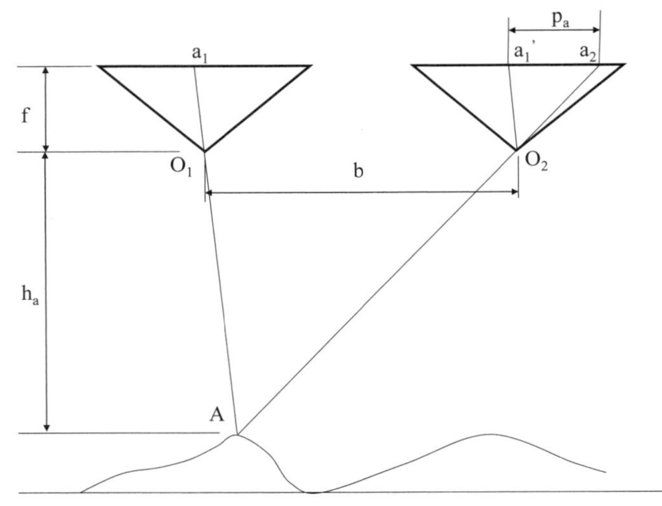

図6-5 視差と標高の関係

（８）　異常点除去（別手法による標高評価）

本第 6.1 節による自動写真測量の流れでは、自動写真測量ソフトによる処理範囲は特徴点抽出から標高変換までです。これ以降は、三次元点群編集ソフトによる処理となります。

自動写真測量ソフトによっても対応画素検索時の相関係数や標高変換結果の統計処理によって品質評価が行われているものと思われますが、自動写真測量ソフトでは処理結果が環境に依存するため自然物相手では完全性の確保は困難となります。そのため異常となる点は、人の判断で除去しなければなりません。異常となる点は、過剰点、不要点、異常点の三つに分類できますが、過剰点や不要点は標高値を使用する目的により、異常点は要求される精度により、分類が変わります。

過剰点とは、必要以上に抽出された標高点をいいます。一般には、求められる標高点間隔を満たすため、若干、過剰気味に標高が抽出され、その結果、最終的には必要とする標高点間隔になるように間引きしなければなりません。間引きは、自動処理によって行うことができます。

不要点とは、求められる範囲以外で抽出された標高点をいいます。通常は、必要な範囲を面で囲み、その範囲の外の標高点は取り除きます。求められる範囲のみを抽出するという意味で、トリミングとも呼ばれます。

異常点とは､対応画素検索の誤検索によって起こる要求精度を満たさない標高点で、誤差に該当します。ただ、自動対応画素検索では観測精度が同じとはいい難いため、偶然誤差に近いものから過誤に該当するものまで、広く要求精度を満たさない誤差が存在することになります。異常点は、ノイズ、**外れ値**、アウトライアといったさまざまな表現でも呼ばれます。異常点を除去することは、多くの場合は**フィルタリング**と呼ばれます。

異常点は、航空写真測量ではステレオ写真によるステレオモデルを根拠とする目視観測で、航空レーザ測量では時間差で最後に反射してきたと認識されたレーザ光線の標高を根拠として作成される地形モデルによって判定、除去されます。自動写真測量ソフトでは、写真の重複度が大きかったり、人の目の構成と対応した平行撮影では必ずしもなかったりするため、航空写真測量のような異常点の除去方法は用意されていないようです。また、自動写真測量で作成される標高は写真に写った箇所のみですので、植生域では航空レーザ測量のような根拠も存在しません。したがって、自動写真測量での異常点除去は、いろいろな方向からの投影あるいは陰影や等高線といった表現を頼りに、適切か否かを人の感覚によって判定しなければなりません。そのため路面や堤防、家屋といった人工構造物では適切に判断しやすいのですが、形状が様々である自然物では困難となります。また、どの場所においても偶然誤差と過誤の区別は困難です。したがって現実の異常点除去では、過誤でも突出したもののみを対象とせざるを得ません。

（９）　構造化（用途に応じた加工）

三次元点群データを構成する個々の標高点は、標高変換された状態では無秩序に存在するため、幾何的には**ランダムポイント**と呼ばれます。三次元点群データは、このランダムポイントの状態のままで用いられることもあります。撮影時の景観を視覚的に判読する場合や記録として保管する場合です。しかしながら多くの場合は、目的に応じた幾何構造に変換されます。この幾何構造の変換は、構造化と呼ばれる。

ランダムポイントは、拡大して表示すると隙間ができたり、隙間から奥にある標高点が見えたり、視認性が低下します。このような状態を避けるためにランダムポイントは不整三角網（TIN, Triangulated Irregular Network）に加工され、不整三角網を構成するそれぞれの三角形にテクスチャーとして写真画像が貼り付けられます。これにより隙間がなくなるだけでなく、上方から正射影で表示すれば写真地図としても利用できるようになります(実際の写真地図は､別の方法で作成されるのが一般的です)。なお、自動写真測量では、ひとつの箇所が多くの写真に写っていて、木の下や家の軒下などの標高も作成されている場合が多いため、反り返った箇所（オーバハングと呼ばれることもある）へも対処されている必要があります。また、隣接する三角形に貼り付けたテクスチャーが、異なる写真から抽出されている箇所は、三角形の辺を境に写真間のずれが目立つこともあります。

三次元点群データは不整三角網以外の構造にも変換されますが、多くの場合は不整三角網が中間データとして用いられます。

標高を読み取ることができるデータとしては、上方から正射影したものでは等高線や断彩図があります。測線に沿って横方向から正射影したものには断面図があります。前者は不整三角網から同じ標高の点をつなげることで、後者は測線に沿って不整三角網を分割することで作成できます。このとき等高線図と断面図は線画で表現されるため、等高線では標高点の誤差が大きくバラついていて形状がゆらいだり、断面図では必要箇所の標高点が抽出されていなくて形状変換点が欠落したりすることがあります。したがって不整三角網から自動的に作った線画を基図とし、利用方法である人の読図に対応できるように描画し直す（正描と呼ばれる）必要が生じることもあります。

地形の起伏の変化を可視化したり定量化したりする場合には、格子状のデータ（グリッドと呼ばれることもある）に加工することもあります。グリッドデータは、格子位置を不整三角網に内挿することによって標高を求めるのが一般的です。ファイルへの格納は、水平位置は原点位置と格子間隔のみで、標高は行列として与えられるため、データ量は軽量にできるとともに起伏変化の計算処理も簡単となります。

地形の変化を読み取りやすくする場合には、影をつけたり、地形の場所によって表現に強弱を付けたりする陰影図に加工されます。

6.2　自動化への取り組みと到達点

コンピュータビジョン分野から育った自動写真測量は、その優れた自動処理能力が評価され、現在、測量への適用が試みられています。この試みが成功するためには何が必要か、自動写真測量がUAVから撮影される写真に適用されて測量に利用されていることを踏まえ、その将来に参考してもらうべく、同様の測量である航空写真測量においては、どのように自動化への取り組みが行われてきたかを、主に著者（津留）の経験にもとに整理しておきます。

測量の枢軸は、観測、計算、図化です。この中の計算は、1800年前後に発見された最小二乗法や正規分布（ガウス分布とも呼ばれる）をガウスが測量成果の誤差処理に使用したように、早くから高度に発展してきました。当然、計算を得意とするコンピュータも、その黎明期から利用し、自動化に寄与してきました。航空写真測量では、空中三角測量の中で行われる**標定計算**（調整計算とも呼ばれる）への適用が最初です。標定計算では、航空写真の撮影状態（撮影位置と写真の傾き）である**外部標定要素**や共役点の地上座標が算出されます。航空写真測量の初期には、外部標定要素は計算により求めるのではなく、各ステレオモデル内に3点以上の地上に設置された標定点を用いた図化機による標定で機械的に再現されてきました。この方法は標定点の設置に多大な負荷が掛かることから、複数のモデルを一括で標定する図化機が開発されたり、密着写真同士の対応点や標定点の位置に穴を空けてつないでいくというアナログ方式による空中三角測量（射線法と呼ばれる）が開発されたりして標定点の数が削減されました。コンピュータが登場すると、撮影コース毎に標定した写真同士やモデル毎に標定した写真同士、あるいは写真同士をつなげるブロック調整あるいは調整計算と呼ばれる計算方法が開発されることによって標定計算の自動化が完成しました。これらが、それぞれ**多項式法**、**独立モデル法**、**バンドル法**と呼ばれる手法です。コースやモデルという概念のないコンピュータビジョン分野での写真測量では、写真同士をつなぐ手法であるバンドル法が採用され、自動写真測量の実現に寄与しています。バンドル法は、写真の幾何学的な性質である共線条件式に基づいた調整手法で、高い調整能力を持っています。一方、過誤が混入していても発見が難しいため、航空写真測量の分野では、与件となるデータは慎重に作成されるとともに、バンドル法を行う前に多項式法などによる計算によって与件が正しいかが点検されてきました。また、標定計算ソフト自体も、高い調整を実現するため与件が正確、均質であることを前提とし、厳密に調整されるように開発されてきました。甘く調整しても大きな縦視差が残って立体図化を困難にするからです。

地形図作成に適用される衛星が打ち上げられると、その衛星から得られるステレオ画像を使用した**自動標高抽出**（**ステレオマッチング**とも呼ばれる）が開発されました。第 6.1 節で解説した対応画素検索の実用化です。さらに航空写真を数値化できるスキャナが登場し、航空写真にも自動標高抽出が適用されます。どちらも五万分の一や二万五千分の一程度の精度へ適用でき、植生や建物の影響は編集段階で除去できるものでした。しかしながら､国内では実利用できそうな縮尺の地図整備は完了しており、測量として広く使われることはありませんでした。広く使われるようになったのは、インターネット上で地図が様々な方向から投影表示できるようになってからで、これも現在では自動写真測量の技術が適用されそうな様相を呈しています。

航空写真の数値化は、航空写真の四隅や四辺の中央に写し込まれた指標（航空写真の主点位置を特定するための目印）の観測の自動化を実現しました。指標の位置や模様が決っていたため、完全性が確保しやすかったのです。これにより内部標定の自動化が達成されました。

自動標高抽出の開発に到達点が見えてくると、その技術を応用して共役点や対空標識の自動観測が試みられました。自動標高抽出技術は空中三角測量の後に行われるため、標定計算で得られた外部標定要素や共役点を使用して対応画素位置が推定できたのに対し、共役点の抽出では航空写真の重複度ぐらいしか与件として与えられず、多くの対応画素が検出されますが、それらの中から正しいものと誤ったものとを区別する有効な手段がなく、実用化には至りませんでした。対空標識の自動観測も同じで、画素にすると数画素の幅でしか写っていない対空標識の羽根を、膨大な数の画素から見つけ出すのは困難でした。

共役点や対空標識の自動観測が実用化に至らなかった以後も、建物や道路の抽出などの開発が行われましたが、画像から情報を抽出する技術として実用化に至ったものはありません。その替わり、測量にとっては図形編集装置であるCADが普及してきたことにより、地図データの数値化が始まり、地図画像からの図形の抽出や図形の編集の自動化に力が入れられるようになりました。地図画像からの図形の抽出では、道路や等高線といった図形毎に版が分けられて作成されたものまでにしか実用的な水準に達しませんでした。図形の編集については、建物の角を直角にするぐらいの単純な処理しか自動化できず、ほとんどは図化時に個々の図形の取得に合わせて形状を整える支援機能に留まっています。実用化できたのは、編集が終了した図形から、図式にしたがった表現に加工する処理（**図式化**と呼ばれる）で、インクによって着墨されていた製図に置き換えられました。

自動化が大きく進展したのは撮影に関する技術で、ハードウェアによるものです。まずは、それまで航空カメラに付属していた望遠鏡を使用して片方の目で地上を見るとともに、もう一方の目で撮影計画図を見ながらシャッタを切っていた撮影は、GPSなどによる衛星測位によって自動化されました。

自動撮影が実現して間もなく、航空カメラにはIMU（**慣性計測装置**）が取り付けられ、衛星測位と合わせることによって**直接定位**（GNSS/IMUとも呼ばれる）が可能となり、航空写真の外部標定要素を自動的に得られるようになりました。この外部標定要素は、空中三角測量で得られる外部標定要素ほどの精度を有する高性能のIMUを利用したものではありませんでしたが、共役点の理想配置を特定することには十分で、画像処理による共役点の自動抽出を実現しました。これにより標定点の観測を除く空中写真測量の自動化が実現されました。

一枚の写真で広範囲を撮影できることが要求される航空写真についても、複数のカメラを搭載して同時にシャッタを切る機構や前方視、直下視、後方視の三方向を同時に撮影できる機構によって、航空カメラはアナログからデジタルに切り替わっていきました。これによりフィルムに変わった固体撮像素子はカメラ内部に固定され、レンズとの関係も固定されるようになりました。同時に、カメラの較正値（キャリブレーションデータとも呼ばれる）が内部標定に代わって航空写真に適用できるようになりました。究極の自動化が達成されたともいえるでしょう。

6.3　SIFTを用いた共役点の抽出

SIFT（Scale-Invariant Feature Transform）とは、画像に含まれる特徴を抽出し、128次元で記述する画像処理法です。各点の特徴を128次元という量で記述するため、重複する写真に写った同一点との対応関係を求めることが頑健になるようです。

SIFTは、1999年にDavid G.Loweが発表した論文の中で提案された手法で、特許が取得されています。そのためSIFTから派生した処理手法が、多く提案されています。現在、普及している自動写真測量ソフトに使用されている特徴点抽出機能には、派生した処理手法も多く使われていると思いますが、ここではSIFTのみについて解説します。

SIFTの特徴は、コンピュータビジョン分野からの観点では、画像の縮尺が異なっていたり、異なる方向に回転していたり、明るさが異なっていても、支障なく関係付けができる特徴点を抽出できることです。これらからSIFTなどの処理手法は、縮尺、回転、明度に強いといわれています。

このような特徴を持つに至った経緯は、コンピュータビジョン分野で撮影される写真が、例えばロボットの目として利用されるため、移動しながら撮影される写真に写った物体の縮尺が異なったり、異なる方向から写されたり、明るさが異なったりすることに起因していると思われます。これらの縮尺、回転、明度について、航空写真測量では、縮尺は同一レンズのカメラと高度で撮影することによって、回転はコースという概念で同一方向に撮影することで、明度は晴天の日に連続して撮影することによって抑制されてきました。UAVからの撮影では、航空写真よりも対地高度が低いことから被写体の縮尺差は大きく、UAVの揺れを除去する機能は十分でないことから写真の回転は大きく、対地高度が短いことから明暗の差の影響を受けやすくなっていますが、コンピュータビジョン分野での撮影からすると、ほとんど無視できるものと思われます。したがって航空写真測量やUAV写真測量でのSIFTなどの利用では、共役点抽出を困難とせしめている撮影される方向による被写体形状の変化には、留意する必要はありません。ただ、航空写真の場合は、膨大な特徴点が抽出されることに対する対応が必要になると思われます。

（1）　SIFT処理と共役点抽出の概要

SIFTによる特徴点抽出は、多くの場合、次のように説明されています。

SIFT処理は、大きくキーポイントの検出と特徴量の記述に分けられ、さらにキーポイントの検出は①スケールとキーポイントの検出と②キーポイントのローカライズに、特徴量の記述は③オリエンテーションの算出と④特徴量の記述に分けられ、それぞれ次のような処理をいいます。

①スケールとキーポイントの検出では、DoG (Difference-of-Gaussian)画像を用いてキーポイントを抽出するとともに、キーポイントを中心とした特徴量を記述する範囲のスケールを記述します。②キーポイントのローカライズ化では、検出されたキーポイントから特徴点として向かない点を削除するとともに、サブピクセル推定を行います。③オリエンテーション算出では、回転に対して不変とするためにキーポイントのオリエンテーションを求めます。④特徴量の記述では、オリエンテーションに基づ

いてキーポイントの特徴量を記述します。

以上のようなコンピュータビジョン分野の言葉での記述は、SIFT にとっては当然です。ただ､測量分野からは馴染みがなかったり使い方が異なったりする言葉もあり、理解にはコンピュータビジョン分野の背景を知るなど多くの労力を要します。したがって、写真測量の解説本である本書では、コンピュータビジョン分野との関連性は薄めてしまいますが、測量分野で理解しやすいように次のとおり解説します。

SIFT 処理は、大きく特徴点の検出と特徴量の記述に分けられ、さらに特徴点の検出は、①画像の平滑化と特徴点の抽出及び②不良特徴点の除去に、特徴量の記述は③特徴量記述方向の正規化及び④特徴領域への特徴記述に分けられ、それぞれ次のように処理されます。

① 画像の平滑化と特徴点の抽出では、最初にガウシアンフィルタを用い、その標準偏差を連続的に拡大させながら複数の**平滑化画像**を作成します。次に、連続する平滑化画像同士の**差分画像**である DoG 画像を作成し、さらに、連続する 3 組の差分画像から特徴点を抽出します。

② 不良特徴点の除去では、近傍画素とのコントラストが低い特徴点やエッジ上にある特徴点を除去します。

③ 特徴量記述方向の正規化では、特徴点を中心としてガウシアンフィルタに適用する標準偏差で決定されるガウス窓の領域において、中心から 36 方向における輝度の強度勾配を算出し、最大値の 80% 以上の強度勾配に対し勾配方向に基づいて正規化した特徴領域を生成します。したがって、複数の特徴領域が生成されることもあります。

④ 特徴領域への特徴記述では、特徴領域を 16 × 16 マスに分割するとともに、それらの中の 4 × 4 マスを単位とする領域をさらに 4 × 4 個の小領域を設定し、それぞれの小領域で中心から 8 方向における輝度の強度勾配を算出することで、4 × 4 × 8=128 次元の特徴量として記録します。

このようにして SIFT によって得られた 128 次元の特徴量を持つ特徴点は、重複する画像の特徴点が持つ 128 次元の特徴量との間で特徴量間差分二乗和が算出され、もっとも小さい特徴量間差分二乗和が 2 番目に小さい特徴量間差分二乗和の 8 割未満の値であれば、共役点を構成する相手とされます。

以上の処理について、次から詳しく解説していきます。

（2） 画像の平滑化と特徴点の抽出

画像に含まれる特徴点は、共役点の抽出に限らず、物体の追跡や認識など、さまざまな利用が考えられています。したがってたくさん抽出できることが期待されますが、画像の中にはさまざまな大きさの特徴点が存在します。そのため大きさの違いに対応できるように、最初にガウシアンフィルタを用いて連続する標準偏差による複数の平滑化画像を作成します。**ガウシアンフィルタ**（図6-6）は、次式で表される正規分布で近傍画素に重み付けして画像を平滑化する手法です。このとき標準偏差（σ）を変化させることで正規分布の扁平度が変わり、さまざまな大きさの特徴点に対応させます。そのためコンピュータビジョン分野では、σをスケールと読んでいます。

$$G(u, v, \sigma) = \frac{1}{2\pi\sigma} exp\left(-\frac{x^2+y^2}{2\sigma^2}\right)$$

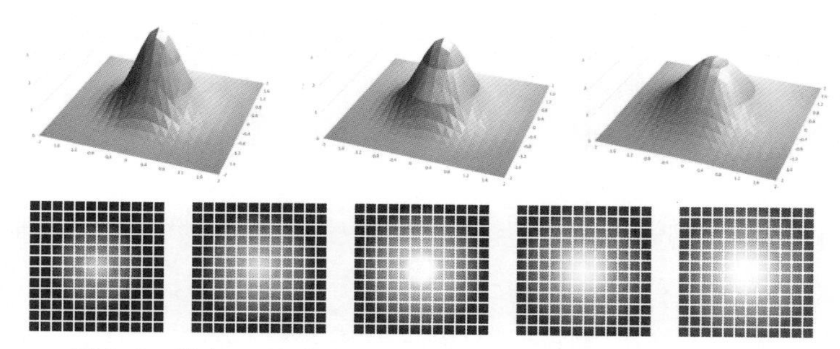

図6-6 ガウス分布（上）とガウシアンフィルタ（下）
注：σは、左から右に行くほど大きくなる。

次に、平滑化画像に微分処理が二回行われる**ラプラシアンフィルタ**を適用し、画素値が0近傍にきた画素を特徴点とします。

この手法はLoG（Laplacian of Gaussian）と呼ばれますが、計算処理が膨大となる（計算コストが高くなる）ため、SIFTではLoGの近似値を得ることができる**DoG（Difference of Gaussian）**と呼ばれる手法が提案されています。

DoGでは、元画像Iに対して差分画像Dを次式により作成します。つまり、k倍異なるガウシアンフィルタによる平滑化画像同士の差分を求めます。

$$D(u, v, \sigma) = G(x, y, k\sigma) \times I(u, v) - G(x, y, \sigma) \times I(u, v)$$

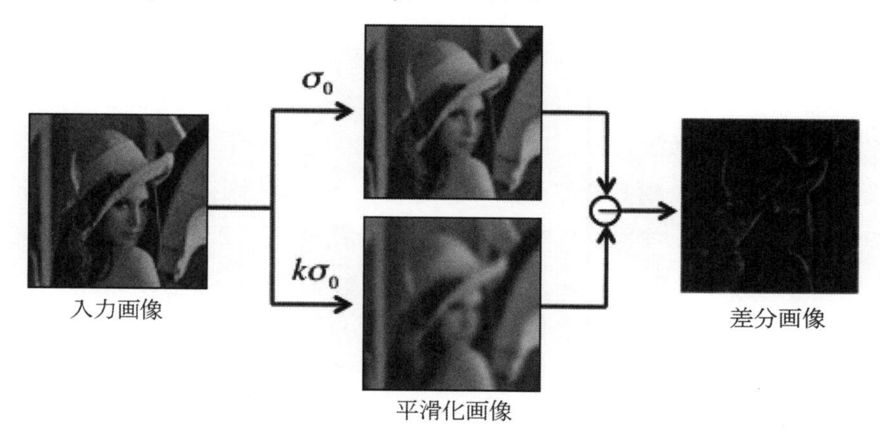

図6-7 差分画像作成の流れ

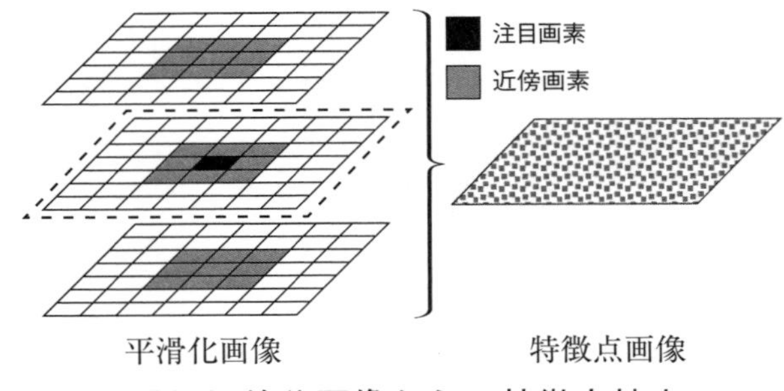

図6-8 差分画像からの特徴点抽出

最後に特徴点を、図6-7のように標準偏差を連続的に変化させた3枚の差分画像を用い、図6-8のように特徴点かを判定する注目画素を2枚目の平滑化画像に設定し、2枚目の差分画像からは注目画素近傍の8画素、1枚目と3枚目からは注目画素位置を中心とする9画素（3画×3画素）、以上26画素（近傍画素）を注目画素と比較し、注目画素の値が近傍画素の値より突出しているか（局所的極値であるか）によって判定し、局所的極値の画像（**特徴点画像**と呼ぶ）を作成します。

このように1枚の特徴点画像を作成するための連続的な3枚の差分画像と4枚の平滑化画像が必要となりますが、これだけでは十分な特徴点は得られず、標準偏差σを連続的に拡大した多くの平滑化画像を作成する必要があるようです。被写体の大きさや濃淡はさまざまであり、それらに対応するには標準偏差σとその拡大値kを決め、連続的な多くの差分画像、引いては平滑化画像を作成する必要があります。ただ、標準偏差の拡大値を大きくするということは、ガウシアンフィルタの処理領域が拡大することであり、画像の端が処理できなくなったり、計算コストが高くなったりします。そこで、画像を縮尺比で半分の大きさにすると、標準偏差も半分になることに着目し、2倍の標準偏差（2σ）で平滑化された画像から縮尺比で半分の大きさに間引いた劣化画像を作成します。そして新にこの劣化画像を基準とし、最初と同じように標準偏差を連続的に変化させた平滑化画像を作成し、さらに隣接する平滑化画像同士から差分画像を作成、3枚の差分画像から特徴点が抽出できるかを計算します。

ただ、劣化画像に移行する方法には、問題がひとつあります。大きさや濃淡がさまざまな被写体から特徴点を効率的に抽出するため、必要なσの連続性が損なわれてしまうのです。これを避けるためには、各解像度の段階で2枚の特徴点画像を作成することで連続性を確保します。2枚の特徴点画像を作成するということは、差分画像は4枚、平滑化画像は5枚となり、kはk^4まで拡大することになります。

このような処理の繰り返しを、画像の一辺の大きさが指定の数以下になるまで続けることで特徴点を増やします。このような検討を踏まえてDavid G. Loweの論文では、経験的にσは1.6が、kは$\sqrt{2}$が最適としています。

なお、特徴点が一度抽出された場所では、それ以降の標準偏差が拡大された差分画像、あるいは解像度が劣化された差分画像では、特徴点は抽出しません。つまり、同一画素では、一番解像度の高い差分画像で抽出されたものが採用されます。

以上の画像の平滑化と特徴点抽出の流れを整理すると、図6-9のとおりとなります。

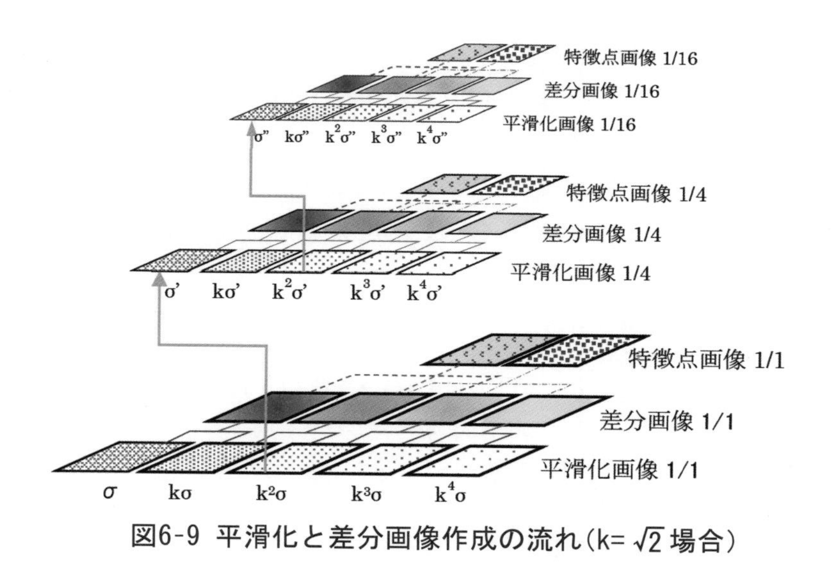

図6-9 平滑化と差分画像作成の流れ（k= $\sqrt{2}$ 場合）

このようなσを拡大させていくことや画像を劣化させていくことは、測量の観点からは、かなりぼやけた画像まで使われ、観測精度が不均一になると考えられています。

（3）　不良特徴点の除去

特徴点は、注目画素とその近傍にある26画素の値との比較で抽出されます。このような相対的な判定によって決定されるため、26画素の値が極端に暗い場合は、注目画素がそれ程明るくなくとも抽出されます。これは特徴点と近傍画素のコントラストが低いことを意味し、特徴点としては相応しくない可能性が高くなります。

また、エッジ上から得られた特徴点は、類似した特徴量を持つことが多くなり、共役点となる相手を誤判定してしまう可能性が高くなります。

このような理由から低コントラストやエッジ上の特徴点は、不良特徴点として除去されます。

（4）　特徴量記述方向の正規化

抽出した特徴点は、その周辺の領域から128次元で特徴量を抽出して保持されます。このとき画像上での特徴点とその特徴量の空間的関係は、撮影された写真の向きに支配されます。したがって同じ特徴点同士であっても異なる写真上では特徴点と特徴量の空間的関係は向きが異なってきます。そこでSIFTでは、平滑化画像Lで特徴点周辺の各画素（x, y）に対して画素値（輝度）の勾配強度mと勾配方向θを求め、これらから特徴点を中心とする全周を36方向に量子化した輝度の勾配強度の重み付き方向ヒストグラムhを作成し、最も大きくなった勾配強度から80%以上の勾配強度を持つ特徴量を記述対象とし、それぞれの勾配方向を特定方向に回転させた特徴領域を用意します。これにより、同一の特徴点同士は、特徴量を同じ向きの特徴領域に記述できるようになります。また、複数の特徴量記述にも対応することで、いろいろな方向から撮影された写真にも対応できるようにします。これで写真の回転に影響されない特徴領域が得られることになり、これが**正規化**と呼ばれています。なお、重み付けは正規分布によって行われ、特徴点から近い勾配方向ほど勾配強度に有利となるようにされています。

特徴点周辺における各画素の勾配強度 m 及び勾配方向 θ は、次式で与えられます。

$$m(x, y)=\sqrt{([L(x+1, y)-L(x-1, y)]^2+[L(x, y+1)-L(x, y-1)]^2} \qquad \text{式 6-4}$$

$$\theta(x, y)=tan^{-1}\frac{L(x+1, y)-L(x-1, y)}{L(x, y+1)-L(x, y-1)} \qquad \text{式 6-5}$$

特徴点を中心とする 36 方向の重み付き方向ヒストグラム h は、次式で与えられます。

$$h(\theta')=\sum_x\sum_y w(x, y)\times\delta[\theta',\theta(x, y)] \qquad \text{式 6-6}$$

$$w(x, y)=G(x, y, \sigma)\times m(x, y)$$

ここで、w (x, y) が重みと呼ばれている変数です。δ は Kronecker のデルタ関数であり、勾配方向 θ (x, y) を量子化した際に、量子化勾配方向 θ’に該当する場合は 1 を返します。

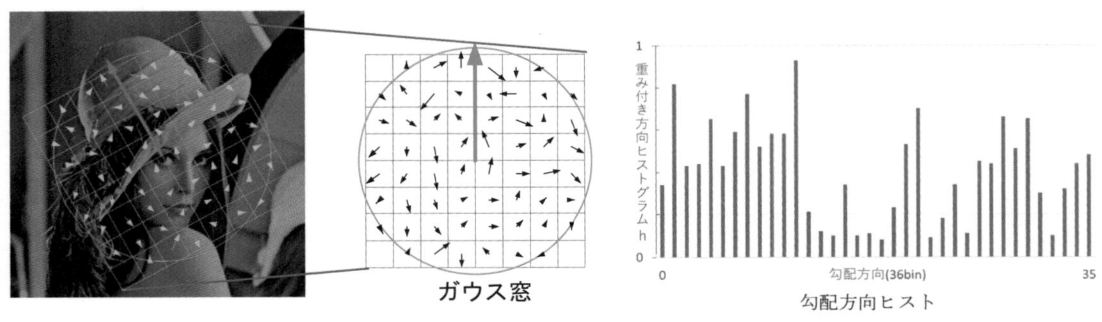

図6-10 特徴量記述方向の正規化（左）と勾配強度の方向ヒストグラム（右）

注：勾配方向ヒストグラム h は、横軸が量子化された勾配方向、縦軸が正規分布で重み付けされた勾配強度

（5）　特徴領域への特徴記述

特徴点が抽出され、特徴量を記述する領域の方向が正規化されると、特徴点を中心とする 16 × 16 画素が特徴領域として設定されます。さらに特徴領域は、2 × 2 画素をひとつの領域とする 4 × 4 の 16 個の小領域に分割されます。

次に、この小領域に対し、小領域の中心を原点とする 8 方向に量子化した重み付き勾配ヒストグラムが作成されます。なお、このヒストグラム作成は、特徴領域の正規化で使用されたのと同じ手法が使われます。

このようにして作成された正規分布による重み付き勾配強度は、小領域を16個設けるとともに各小領域には8つの方向を設け、特徴領域全体で128方向が作成されることになります。

つまり、特徴点周辺の勾配強度が最大勾配強度の80%以上の勾配方向で正規化されば16×16画素の特徴領域における、4×4位置での正規分布で重み付けられた勾配強度である128次元の特徴量が記述されたことになります。

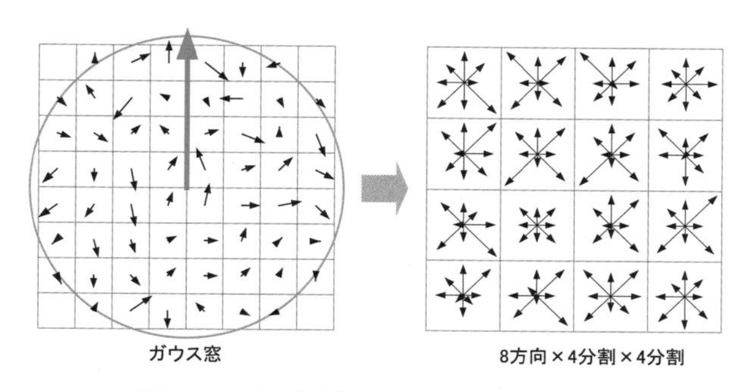

図6-11 輝度情報（左）と特徴量（右）

（6）　共役点の抽出

重複した複数の写真からSIFTなどによって抽出された特徴量に基づいて、特徴量が近似な特徴点を抽出することによって、それらが共役点とされます。

特徴点はどの画像でも128次元の特徴量を、同じ16分割で、同じ方向に持っているため、それぞれ同一箇所同一方向同士で特徴量の差分を求め、正負の影響を取り除くために二乗するとともに、128個の総和をとり、総和が最も小さくなる組み合わせが、同じ特徴量を持つ特徴点の可能性が高いとできます。なお、David G. Loweは、総和の平方根を使用し、特徴量間のユークリッド距離dとして説明しています。

$$d(v^{k_{i1}}, v^{k_{i2}}) = \sqrt{(\Sigma_{i=1}^{128} (v^{k_{i1}} - v^{k_{i2}})^2} \qquad \text{式 6-7}$$

d：特徴量間差分二乗和（特徴量間のユークリッド距離）

v^{ki1}：画像I_1中にあるキーポイントk_{i1}の特徴量

v^{ki2}：画像I_2中にあるキーポイントk_{i2}の特徴量

距離dが小さいことが共役点になる強力な判断基準となりますが、写真は異なる方向から写されていることから、小さすぎることは利用に堪えないぐらい重複の大きい写真同士か、たまたま同じ特徴量を持つ異なる特徴点があったといったことも考えられます。したがってLowe (2004) では、最も距離が短かった特徴点と2番目に近かった特徴点を比較し、特徴量間差分二乗和d間の比が0.8以上の場合は採用しないことで、共役点抽出の精度を向上させています。

6.4　標定計算（バンドル調整）

自動写真測量の計算の枢軸は、図6-12のとおりです。本節では、これらの中の写真の撮影位置と傾きである外部標定要素を求める標定計算（バンドル調整）の特性について解説します。

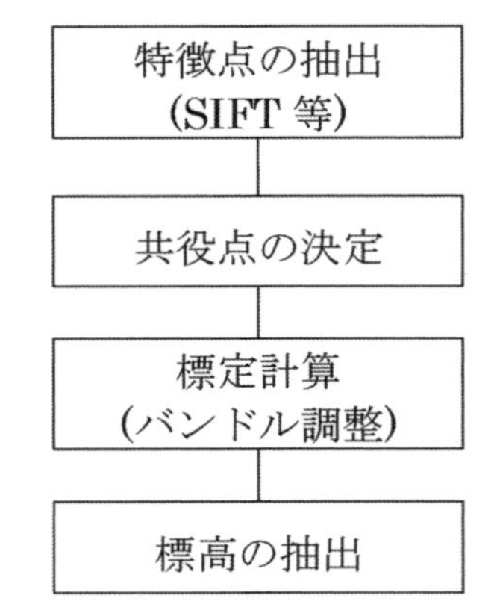

図6-12 自動写真測量の計算の枢軸

標定計算は、航空写真測量分野では空中三角測量の中で調整計算として位置付けられた作業で、多項式法や独立モデル法、バンドル調整の三つが使われてきました。現在は、バンドル調整が主流となり、デジタル処理での写真測量の基礎となっています（第1章を参照）。バンドル調整は、現在では、コンピュータビジョン分野でも写真に写った被写体を三次元点群で表現するための主要技術として利用されています。

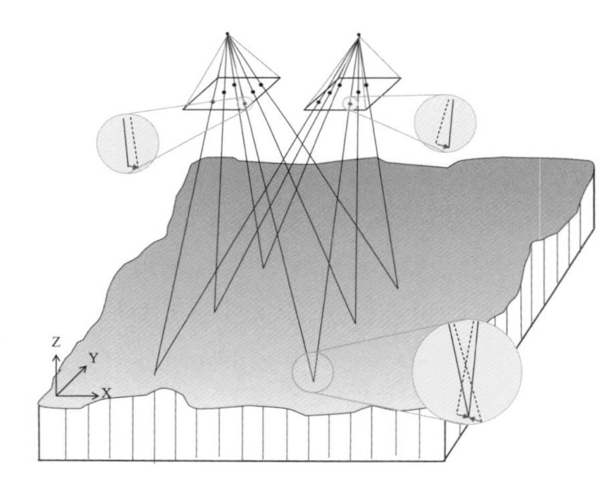

図6-13 共線条件による光束（バンドル）の交会

バンドル調整は、重複するように撮影された写真の重複部分と、重複部分に写った標定点を利用して撮影された写真を標定し、各写真の撮影時の投影中心位置と傾きなどを解く方法で、その結果に基づいて共役点の地上座標を算出することもあります。写真測量の原理である共線条件式を解く手法ともいえます。

共線条件式を解くには、各写真の投影中心と写真に写った特徴点とを結ぶ直線の延長が、特徴点に対応する地上位置を通る（これが共線条件と呼ばれる）という前提で、写真を移動、回転させます（図6-13）。この結果が、撮影した状態になります。しかしながら、写真画像の歪み、特徴点や標定点の観測誤差によって、完全な交会や交会位置と地上位置の完全な一致はありえません。したがって、最小二乗法を使用して交会や不一致の程度を最小にするように各写真の位置や傾きを調整します。

多項式法や独立モデル法に比べたバンドル調整の特徴は、日本写真測量学会編の『解析写真測量　改訂版』の「11.5 バンドル法の特徴と注意点」で詳しく解説されています。その要点は、次のとおりです。

- 理論的には厳密な調整が行える。
- 取り扱えるデータや未知数の数が多い。
- 未知数の初期値が悪い場合には、計算に時間がかかったり、発散したりする。
- セルフキャリブレーションを使用する場合には、観測誤差が小さいことが不可欠である。

また、具体的な解法としては、共線条件式は非線形であるため、非線形最小二乗法を用います。非線形とは変数が式の分母に入っていたり三角関数などが使われていたりする式をいい、**非線形最小二乗法**とは最小二乗法を非線形の関数に拡張したもので、解の近似値を与えて計算します。さらに、その残差で解の近似値を補正した改良値を与え、計算を繰り返しながら残差の二乗和が小さい結果を探索する手法です。

最小二乗法を利用する前提条件としては、測量分野では次のようなものが求められます。

- 観測値の誤差には偏りがない。すなわち誤差の平均値は0である。
- 観測値の誤差の分散は既知である。ただし観測データごとに異なる値でも良い。
- 各観測は互いに独立であり、誤差の共分散は0である。
- 誤差は正規分布する。

共線条件式を非線形最小二乗法で解く基本的な流れは、次のとおりです（図6-14）。

外部標定要素や標定点座標の近似値が分かっていると仮定し、テイラー展開によって線形近似し、これに最小二乗法を適用するため、調整された観測値が満たすべき条件を表す観測方程式を立て、さらに計算を容易にするためn次元連立一次方程式を立てます。これを正規方程式と呼びます。この正規方程式を用いても共線条件式は解けますが、写真枚数や標定点数が多ければ行列の規模が大きくなり計算に時間を要します。そのため正規方程式を解いたときに限りなく0に近づく配列を取り除いて行列の規模を小さくした縮約正規方程式を立てて外部標定要素や標定点座標を計算し、近似値との差を改良値とします。

さらに改良値を用いて近似値を補正して計算を繰り返し、①改良値が一定値より小さくなったとき、②改良値の大きさの減少値が一定値より小さくなったとき、あるいは③予め決めた回数を繰り返したとき、計算結果とします。

実際問題として、観測値が最小二乗法の前提条件にしたがっていなかったり、近似値が実際の値と掛け離れていたり、共線条件式の線形近似がよくなかったりすると、繰り返し計算が収束しないことがあります。したがって測量分野では、カメラや撮影方法、観測など、標定計算に関わるあらゆるところに気を配らなければならず、自動化の実現は困難な状況にあります。一方、コンピュータビジョン分野では、ロボットなどの動きを止めないことが重要であり、条件を緩和して収束することを優先しているようです。また、繰り返し計算によって近似値をどのように改良していくのか、その手法によっても収束の仕方や結果が変わってきます。繰り返し計算により近似値を改良していく手法としてバンドル調整では、ガウス・ニュートン法やレーベンバーク・マーカート法が主に使用されています。

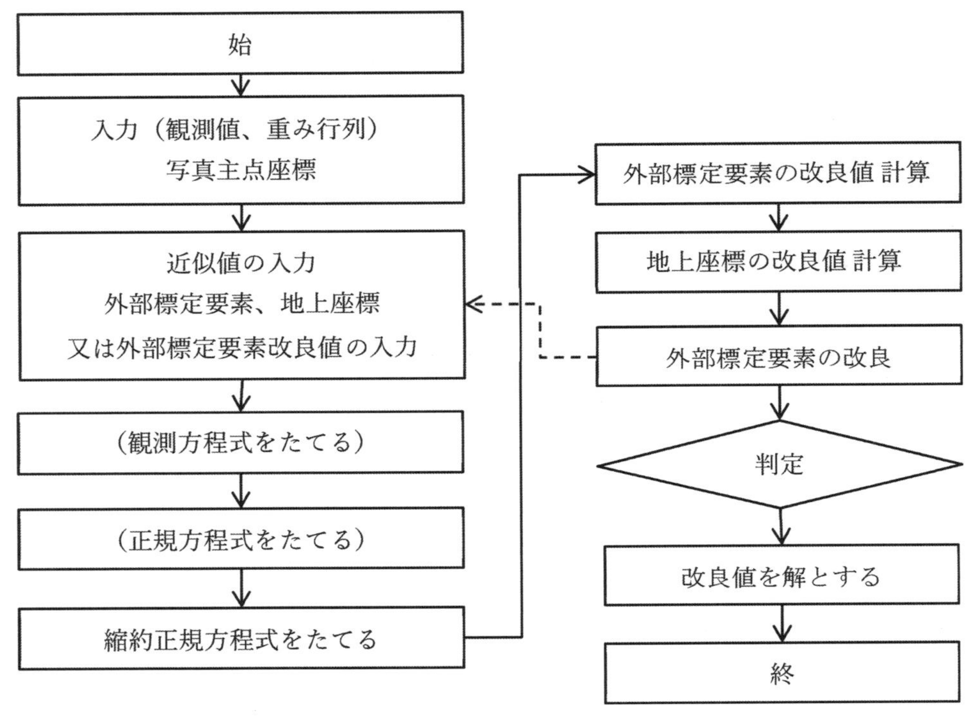

図6-14 バンドル調整の流れ

6. 5　対応画素の網羅的抽出

写真に写った被写体を三次元点群データで表現するには、被写体が三次元表現に耐えられる密度の三次元点群を作成する必要があり、そのためには重複する写真間で画素に対して網羅的に対応関係が抽出され（視差が得られ）、それらの視差から視差々が計算され、三次元点群データへと変換されます。

この対応画素の網羅的な抽出は、航空写真測量のソフトでは次のような手順で行われるのが一般的と考えられています。

① 縦視差のない画像（エピポーラ画像）の作成
② 画像ピラミッドの作成
③ 粗密探索による対応画素の検出（視差の獲得）
④ 視差々からの三次元点群データへの変換

コンピュータビジョン分野での手順も、航空写真測量分野での実績を踏まえた拡張や改良が行われてきており、基本的な手順は同じようです。

しかしながら、航空写真測量分野とコンピュータビジョン分野では、撮影の視点や手法が異なります。航空写真測量分野では、空中の高いところから真っ直ぐに進みながら鉛直方向に向けた**平行撮影**が行われるのに対し、コンピュータビジョン分野では、人ほどの視点から自由に動きながら任意の方向に向けた**収斂撮影**することもあります。その結果、航空写真には地形・地物が細々と写っているのに対し、コンピュータビジョンでの写真には人工構造物が大きく写って形状は単純、模様は単調な写像になることも想定されます。したがって、コンピュータビジョン分野での対応画素の網羅的抽出では、次のような工夫が必要となるようです。

① 模様の少ない単調な部分に対しては、被写体の連続性を仮定した全体最適化を図ることが期待されます。その手法としては、確率伝搬法やSGM法などが知られています。
② 形状が非連続な箇所（傾斜変換点など）に対しては、写真によって写り方が大きく異なるため、非連続な状況に応じて類似度を計算する画素の範囲（ウィンドウサイズとも呼ばれる）を変えることが期待されます。
③ 模様が少なく単調で、形状が非連続な箇所においては、検索を行う画素（被写体）がどちら方向を向いているかを考慮することも有効です。このような場合は、周辺での特徴点を抽出して向きを特定し、その結果を法線ベクトルとして類似度の判定に使用することも期待されます。この手法には、PMVS（Patch-based Multi-View Stereo）などが知られています。

また、コンピュータビジョン分野では、例えば工場内でのロボット動作や車の自動運転への利用など、目的によって被写体を限定できるため、それらに応じた手法の開発が有効になります。

以上のような状況を踏まえ、コンピュータビジョン分野では次のような手順で網羅的な対応画素検索が行われているようです。

① 前処理
② エピポーラ画像の作成
③ 対応画素検索と視差々画像の作成（一般には視差空間画像や視差画像、深度マップ、デプスマップ、距離画像などと呼ばれるが、実体は視差々を記録した画像であるため、本書では**視差々画像**と呼ぶ）

④　外れ値の除去

なお、航空写真測量での手順に比べると、ピラミッド画像の作成はありません。作ることもあるようですが、航空写真と比べてデータ量が格段に小さく、写真の肌理（キメ）が単調で、利用する効果が少ないためと考えられます。逆に、外れ値の除去が入っています。これは、航空写真測量分野では精度が、コンピュータビジョン分野ではロバスト性（対応画素が抽出されること）が優先され、航空写真測量分野では信頼性の高いもののみが抽出される手法が、コンピュータビジョン分野ではできるだけ多くの対応画素が抽出される手法が、それぞれ採用される傾向にあるためです。

前処理では、重複する写真間で輝度値を揃えるといった、対応画素検索が円滑に進むような画像処理が行われます。

エピポーラ画像の作成は、航空写真測量分野での処理と同じで、標定計算で得られた外部標定要素を使用して縦視差のない画像対を作ることで、対応画素の検索範囲をエピポーラ線上の一次元方向に限定できるようにします。

対応画素検索と視差々画像の作成には、さまざまな手法が提案されているようです(Szeliski, 2011)。ここでは、探索精度と計算効率の高いといわれているSGM法(Hirschmuller, 2008) を紹介します。

SGM法（Semi-Global Matching method）は、対応画素検索と視差々画像修復の二つの処理で構成されます。

対応画素検索は、航空写真測量分野と同じで、画素毎に重複画像内を類似度によって同一被写体の画素を検索します(類似度の判定手法は指定されていません)。ここで、画素毎の対応画素検索は、模様のない領域や隠蔽部、あるいは非連続的な形状などによって対応画素を抽出できなかったり、間違った対応画素を抽出してしまったりし、探索結果から作成した視差々画像には異常値が混入することになります。この処理は、Pixelwise cost calculation（画素単位のコスト計算）と記されています。

異常値が混入した視差々画像の各画素においては、近傍の画素が持つ視差々との隣接関係から各画素の視差々を修復します。具体的には、視差々の隣接関係において、視差々は同じである、少し違う、全く違うという3つの指標を用意し、8方向や16方向で注目画素に向かって3つの指標値を集計します（図6-15)。このとき視差々が少し違う場合と全く違う場合には、それぞれに対して任意の値をペナルティとして乗算します。これによって視差々が連続する箇所では平滑化され（被写体の縁（エッジ）表現は弱くなります)、連続しない箇所では平滑化が中断され、その箇所から新に集計を開始されるようにしてあります。このようにして得られた各方向の集計結果を合計し、注目画素の視差々とします。この処理はAggregation of cost（コストの集約）と記されています。

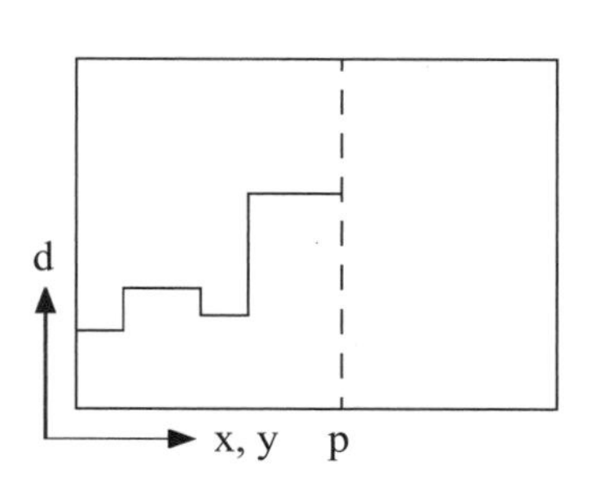

(a) 指標値の集計

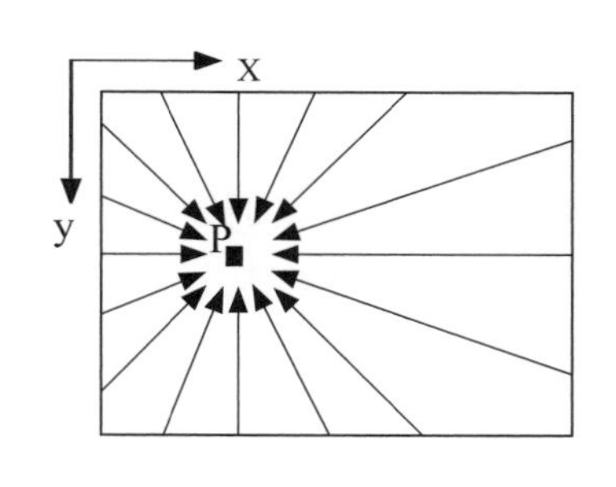

(b) 指標値の集計方向（16方向）

図6-15 SGM法でのコストの集約(Hirschmuller, 2008)

SGM法では、１組の重複画像に対し、ひとつの視差々画像が作成されます。そのため自動写真測量のような多数の写真を重複させて撮影する場合は、複数の視差々画像が作成されることになります。したがって、これらの視差々画像を統合する必要があります。そこで、複数の視差々画像が存在する利点を利用し、隠蔽部に算出された視差々を整合性判定によって除去したり、統計的な判定などによって不自然な凹凸を除去したりするといった処理を行います。これが**外れ値**の除去になり、外れ値が除去された複数の視差々画像を、平均処理などによって統合します。この処理は、三次元点群データを仕上げる処理で、**MVS（Multi-View Stereo、多眼ステレオ）**として記載されています。

6.6 自動写真測量の課題と対策

自動写真測量は、地形測量に用いる場合には使用する写真枚数や標定点数が多いことが課題として上げられますが、写真枚数は特徴点抽出に対する対策として実施されているものです。標定点数は、撮影範囲全体での歪みを抑制する対策として実施されているものです。これらが別の手法で代替できるのであれば、写真枚数や標定点数を多くする必要はありません。写真枚数が少なくても、標定点数を減らしても、精度が担保できる特徴点抽出手法を実現することが測量用途としての根本課題となります。

コンピュータビジョン分野では、特徴点の抽出はSIFTを代表とする手法で解決されました。その開発においては、観測精度の担保よりも特徴点の抽出精度の向上（数を増加させる）ことが優先されているようです。そのため、画像を平滑化したり、画像の重複度を大きくしたり、相互標定の最適解を特徴点の交会数で決定したりしています。これは、できる範囲で最もいい結果を採用している、いわゆるBest Effort（最善を尽くしたこと）であり、Guaranty（保証）はされません。

測量分野でいう精度とは、偶然誤差が正規分布することで表現できる値です。

SIFTでは、幾つかの段階で解像度を低下させた平滑化画像のそれぞれから特徴点を抽出しています。つまり異なる観測精度で特徴点が抽出され、異常値や系統誤差を取り除いても観測誤差は正規分布しなくなります。

また、特徴点の抽出精度を向上させるため、写真の重複度を大きくすることが標準的です。重複度が大きいということは、同一特徴点は似通った輝度の強度勾配を持ち、共役点の特定が容易になります。一方、高さの観測精度は低下します（図6-16）。共役点は異なる重複度の写真対からも特定されることもあるので、異なる観測精度が混在することにもなり、観測誤差は正規分布しなくなります。

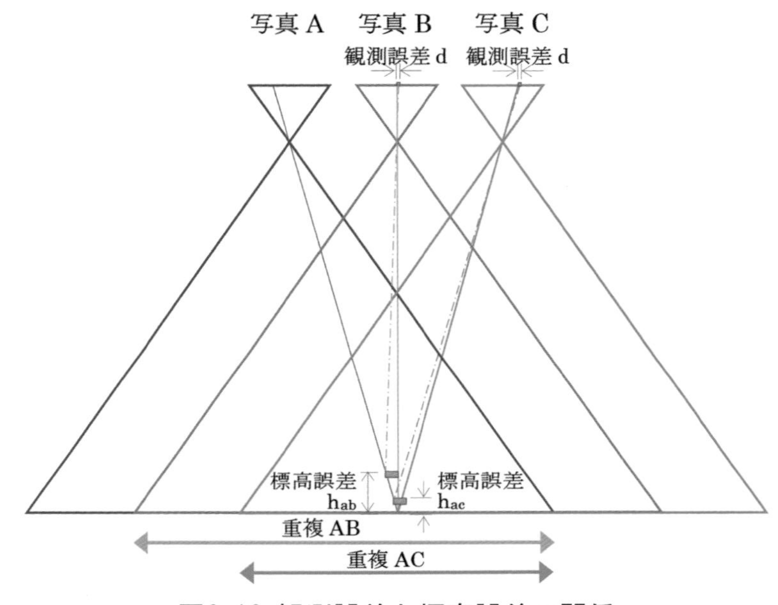

図6-16 観測誤差と標高誤差の関係

誤差が正規分布しないということは、精度の評価基準である平均二乗誤差（RMSE, Root Mean Square Error）や標準偏差の値が無意味になります。最大値を評価基準にするという考え方もあるかも知れませんが、誤差がどのように分布しているか統計的な状況は不明ですので、最大値は評価した点の中だけでの値であり、全体を代表していることにはなりません。

交会数のみで相互標定の最適解を決定するということは、共役点がどのような配置になるかは問わない、図形の強さが担保されないということになります。理想的には重複部の縁からやや中に入ったところにある必要がありますが、実際には歪みの少なく高い観測精度が得られるレンズ中心付近に片寄った共役点で決定されることになるでしょう。つまり空中三角測量のバンドル調整計算では、写真間の連結は緩く、局所的な歪みを多く持った撮影面積の狭い写真をたくさん繋げた状態になると考えられます。

したがって、これらを地上に締め付けるたくさんの標定点が必要となります。特に、外縁の写真を開放状態にしないことが重要で、外縁には多くの標定点が必要になります。外が締まれば、中はある程度安定してきます。写真同士の連結強度や写真枚数（図形の強さ）を考慮して標定点を置くことになります。

以上のような自動写真測量の特徴は、写真測量が本来の性能を発揮することを阻害しています。したがって見かけの精度を向上させるには、本来持っている性能以上に観測精度を向上させる必要があります。つまり、撮影の対地高度を低くし、写真の地上画素寸法を小さくします。

しかしながら対地高度を低くするということは、一枚の写真で撮影できる範囲が狭くなり、写真枚数が増え、写真全体の歪みも大きくなり、より多くの標定点を使用して締め付ける必要が生じます。結果的には、このような循環と要求精度のバランスで写真や標定点の枚数が決定されていると考えられます。

このような状況にどのように対応するかは、特徴点の抽出に、どのように観測精度を担保させるかが鍵となってきますが、観測精度を考慮しなかったために自動写真測量が完成したわけですので、根本からの見直しが必要になるでしょう。

航空写真測量での結論は、現状では直接定位の導入です。GNSS と IMU を搭載し、機械的に概略の外部標定要素を取得することです。その結果、写真を連結するための理想的な共役点位置が特定でき、完全とまではいえませんが、精度の高い自動抽出を実現しています。しかしながら、この手法を、UAV を用いた自動写真測量に導入するには、それなりに課題が存在します。

したがって、現状の自動写真測量への対策としては、三つのことが考えられます。ひとつ目は、特徴点が少ないところでは、人工的に特徴点を増やすことです。ふたつ目は、幾何学的な精度が高いカメラを使用し、較正（カメラキャリブレーション）を高精度に実施し、標定計算に使用することです。三つ目は、自動写真測量が不得意とする被写体を、測量対象としないことです。具体的には、濃淡のない、落葉した樹木や網などの隙間がある、揺れていたり水面だったりして写真毎に写り方が変わるといった場所、写真の中で相対的に起伏が激しい場所などには、適用しないことです。

また、自動写真測量に限らず、測量用途として幾何学的にも画質的にも質の高い写真を撮ることです。幾何学的に質の高い写真を撮るには、幾何学的に質の高いカメラを使用することに尽きます。本来なら計測用のカメラを利用するところですが、計測用カメラは限定され、民生用のカメラに比べると途轍もなく高額です。したがって、民生用の単焦点レンズを装着でき、写真全体の光を同時に受光・記録できるカメラの中から試行錯誤しながら探し出すしかありません。画質的に質の高い写真を撮るには、民生用カメラを計測用の設定で使いこなすしかありません。計測用の設定とは、カメラの内部が動かなくすることです。例えば焦点や絞りは固定、手ぶれ補正は機能しなくし、画像処理エンジンによる画素の改変が行われないようにROW画像で記録します。その上で、撮影現場の明るさ、被写体の肌理や濃淡、色、撮影方法によって質の高い写真が撮れるように使いこなさなければなりません。例えば、ISO感度は減感して画質を下げたり増感し過ぎてノイズを増幅させたりしない。シャッタスピードは遅すぎてブレを入れたり速過ぎて暗くし過ぎたりしないようにする必要があります。

第7章　デジタル写真測量の応用

7.1　デジタル写真測量の応用分野

デジタル写真測量は、地形、構造物、工業製品、文化財、災害・事故調査、道路施設、人体などの三次元測量に幅広く使われています。デジカメを使ったこれらの写真測量は、「**近接写真測量**（Close range Photogrammetry）」と呼ばれています。「**地上写真測量**（Terrestrial Photogrammetry）」とも呼ばれます。

デジカメで写真撮影をする場所は、地上で手持ちや三脚を使用する場合もありますが、脚立やポールで高い場所から撮影することもあります。動いている車両の上から連続ステレオ撮影する場合もあります。これは**モバイルマッピング**と呼ばれています。無人ヘリコプターや無人航空機（UAV やドローンなどと呼ばれ、産業分野では UAV と呼ばれることが多いようです）にデジカメと GNSS アンテナを搭載して、コンピュータで制御された軌跡から撮影する場合もあります。ジェット機や大きなアンテナなどの工業製品の正確な三次元座標を計測することもあります。工業計測では、数千点の円形標識を測定箇所に貼りつける作業が必要です。

彫刻像、モニュメント、歴史的な建物などの文化財はデジタル写真の良い応用例です。最近はレーザー計測と組み合わせる場合が増加しています。国際的には、CIPA と略称される文化財写真測量を主目的にしている団体があります。

災害調査では緊急を要しますので、三次元測定ができ、記録が取れる写真測量はとても便利なツールです。交通事故現場の写真測量も大きな応用分野になっています。災害現場でも交通事故現場でも基準点を設置しなければならないことが短所ですが、正確な長さ、高さ、面積、体積を計測するには必須です。

モバイルマッピングの技術で道路施設を三次元測量することが増えてきました。動きながらの計測には、カメラの位置と傾きをリアルタイムで計測する GNSS（全球測位衛星システム）と IMU（慣性姿勢計測装置）を車両に搭載する必要があります。道路中心線、道路標識、電柱、ガードレール、橋、斜面などの三次元測定をします。

7.2　デジタル写真測量成果の視覚表現

デジタル写真測量の成果は次のような様々な形で出力され、視覚表現されます。

1)　三次元座標：おもに工業計測では点の三次元座標で出力されます。

2)　ベクトル図：平面図の線分で表され、輪郭や境界線が描かれます。

3)　断面図：横断図や縦断図の形で表されます。

4)　等高線または等値線：いわゆるコンター図で表されます。

5) TIN モデル：対象物を多数の不整三角形に分割して表現します。
6) オルソ画像：正射投影図のことで鉛直下方を平行に見た画像で一般に地図の座標系と一致します。
7) 透視図または鳥瞰図：一般に斜めから見た三次元図で表されます。
8) アニメーション：透視図また鳥瞰図の視点と視準方向を動かして動画で表現します。

7.3 デジタル写真測量の応用例

応用例1：交通事故への応用 （Harry Henley氏，Clive Fraser氏提供）

交通事故調査にはアナログ写真測量においても応用されてきたところですが、デジタル写真測量でも応用可能です。応用の一番難しい点は、図 7-1 (a) に示しましたように道路方向に長いモデルになり、バンドル調整を行う場合のモデルの形が悪く精度が少し悪くなることです。また図 7-1 (b) に示しましたようにいろいろな角度や距離から撮影するので車体の場所によって精度の相違が生じます。基準点を迅速に設置して測量しなければならないことも大きな問題です。交通事故調査の結果は裁判でも使われる可能性がありますので、精度の管理は極めて重要です。撮影にあたっては、撮影漏れがないように注意しなくてはなりません。

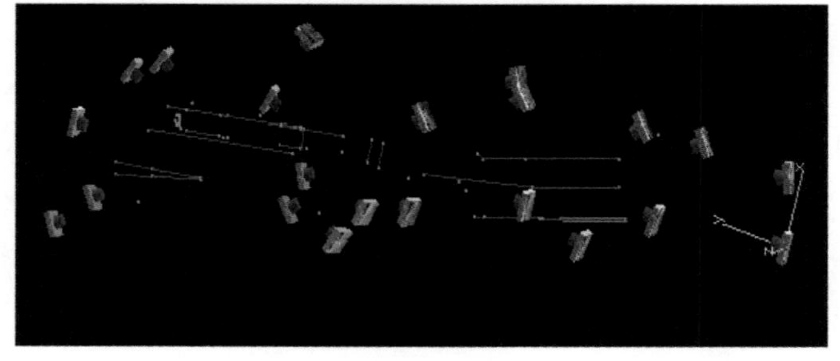

図7-1 (a) 交通事故の写真撮影と写真測量

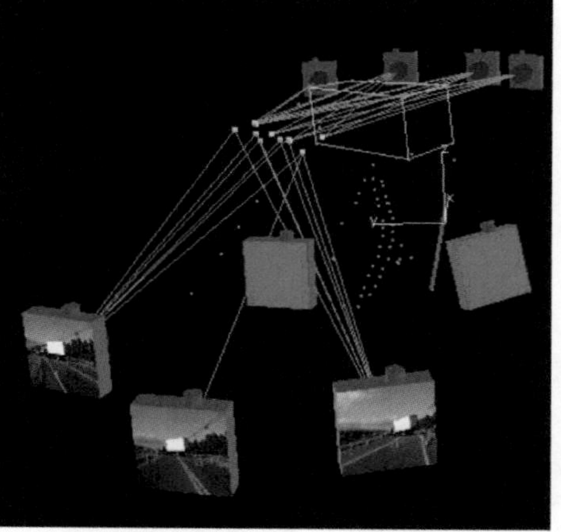

図7-1 (b) 交通事故の写真撮影

応用例2: ナスカの絵文字　(Armin Gruen氏提供)

ペルーにあるナスカの絵文字（地上絵ともいう）は、約2000年前に動物、渦巻き、幾何模様など1000点の巨大な絵が地上に描かれています。何を目的に描かれたかは謎に包まれています。図7-2（a）は絵文字の例を示しています。1930年頃に飛行機の上から発見されたと言われています。飛行機にデジタルカメラを搭載して撮影して線図を図化したのが図7-2（b）です。ラジコンヘリやラジコン飛行機でも撮影できますが、ナスカの絵文字はとても大きいので普通の飛行機の方が便利です。現在ではGoogle Earthでも見ることができます。

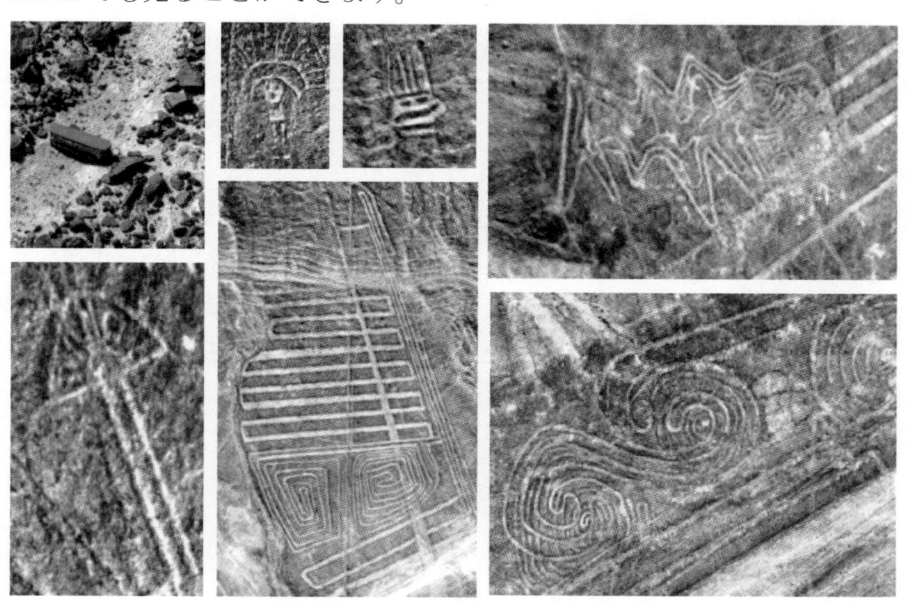

図7-2 (a) ナスカの絵文字

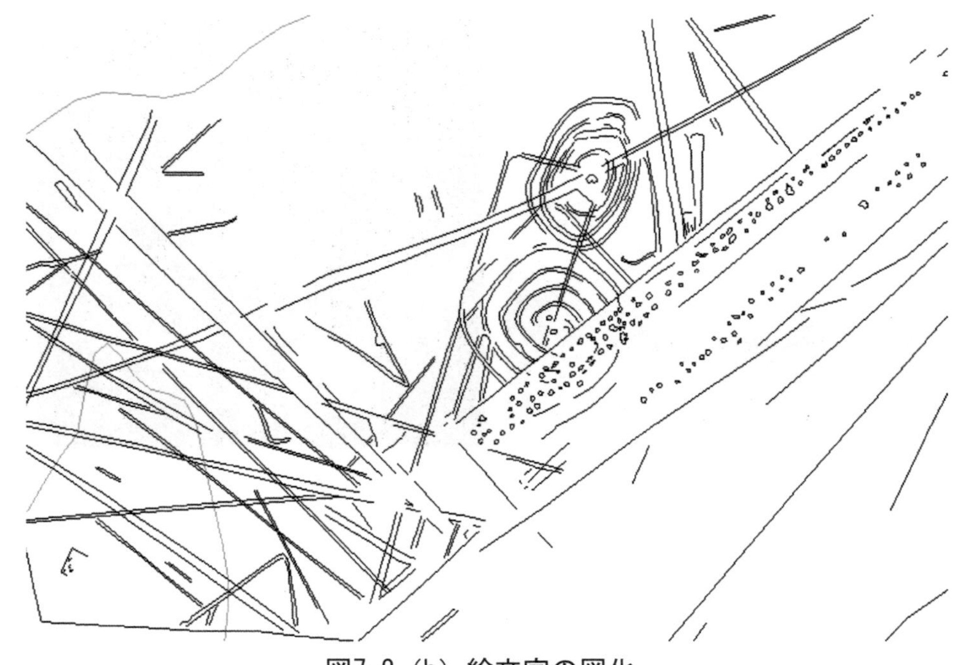

図7-2（b）絵文字の図化

応用例3：彫刻像　（Armin Gruen氏提供）

文化財の仏像や彫刻像はデジタル写真測量のとても良い応用例です。彫刻によっては表面が光っている、または均質のノッペリした表面をしています。このような場合、写真測量はしにくいので斑模様のパターンを投射したりして撮影します。近接で撮影しますので、ミリ以下の精度で三次元測定が可能です。図7-3（a）、（b）、（c）、（d）はそれぞれ彫刻像を写真測量した例です。第一の例は、トルコのアナトリアの博物館に保存されている大理石の下半身の彫刻です。図7-3（a）の左図です。アメリカのボストン美術館に大理石の上半身の彫刻像がありますが（図7-3（a）の中央参照）、どうもアナトリアの下半身と合体できそうなのです。写真測量した結果を図7-3（b）のようにコンピュータでシミュレーションすると、図7-3（a）の右図に示しましたように合体可能なことが判明しました。しかし、ボストン美術館はトルコに上半身の返却を拒否しているそうです。図7-3（c）右上は、スイスのチューリッヒの美術館にあるカンボジアの仏像ですが、表面が均質なので、図7-3（c）右下にありますように、白黒のストライプの縞模様を符号化して投射する写真測量を応用しました。図7-3（d）にありますように写真測量によって三次元モデルが再現できました。精度は 0.05mm でした。

トルコのアナトリアに
保存された下半身

ボストン美術館に
保存された上半身

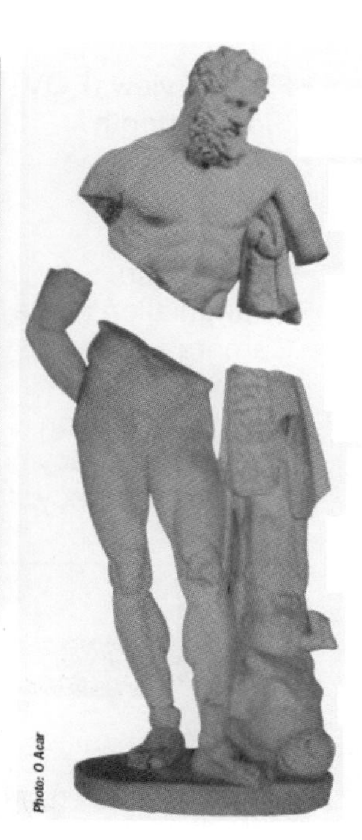

図7-3（a）分断された彫刻像

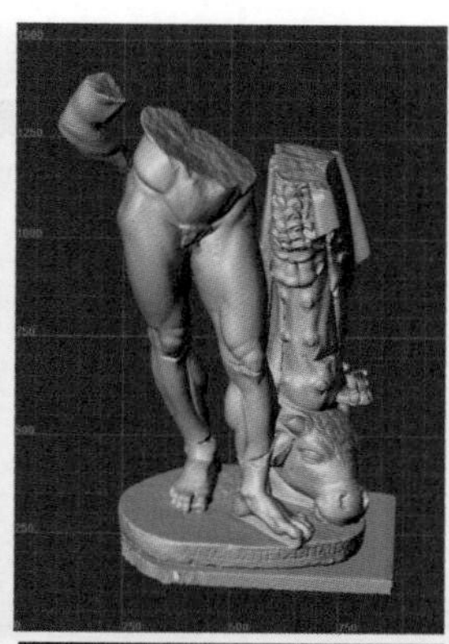

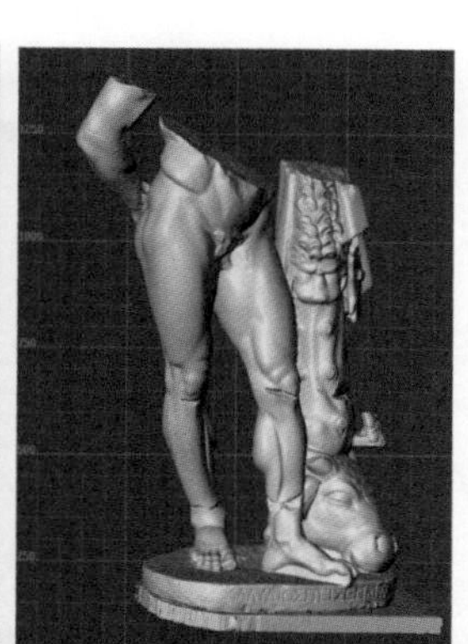

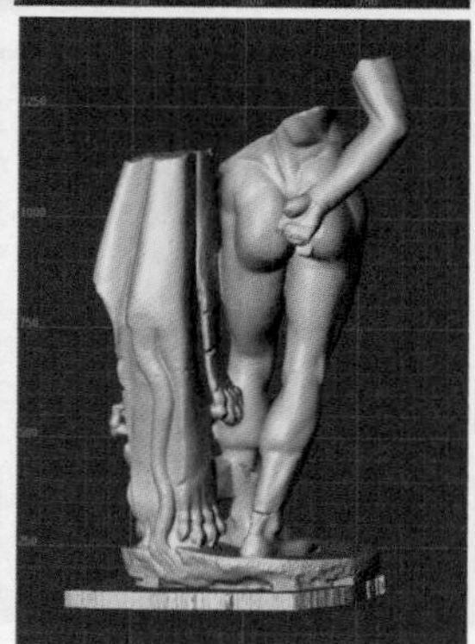

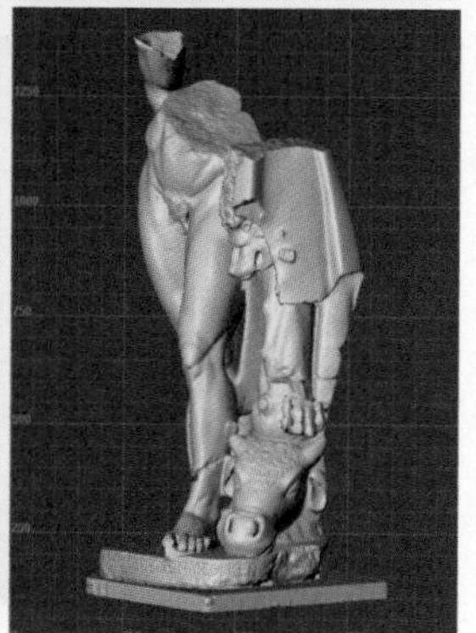

図7-3（b）写真測量で得られた彫刻像の3D モデル

- Field of view (FOV) : 400x315 mm
- Field of depth : 260 mm
- Acquisition time : <1sec.
- Weight : 2-3 kg
- Digitization : 1280x1024 points
- Base length : 300 mm
- Triangulation angle : 30^0
- Camera : PixeLINK PL-A633 (Firewire)
- Projector :128 order sinus patterns
- Lateral resolution : ~340 microns
- Feature accuracy : 1/10000 of img. diagonal
- Feature accuracy : ~50 microns

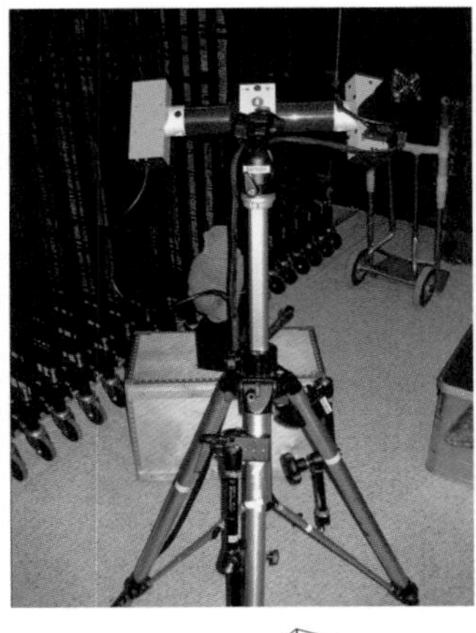

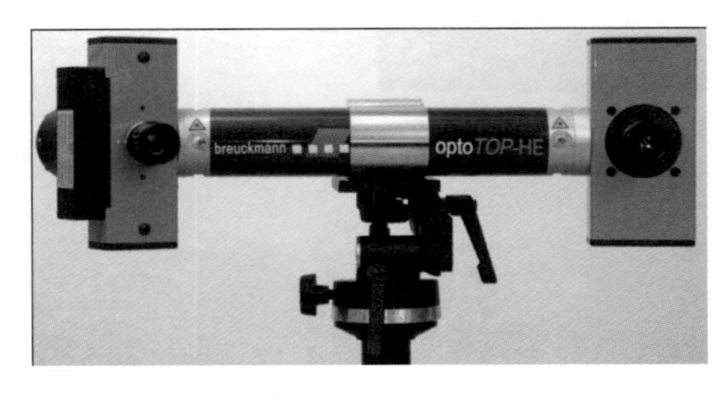

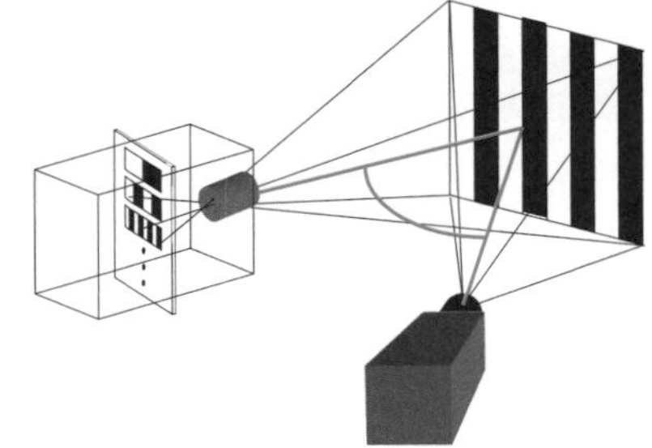

図7-3（c）白黒のストライプ模様を投射するシステム

図7-3（d）写真測量で得られた仏像の3D モデル

応用例4: 斜め写真からの建物モデル　（Karsten Jakobsen氏提供）

最近ピクトメトリーと呼ばれる斜め写真撮影用のデジカメがあります。航空機の上から鉛直、東西南北方向に斜めの５つのデジカメで地上を撮影します。一つの建物は真上からと４方向の斜めから見ることができます。図 7-4（a）は、斜め写真から建物の形をとりだしたものです。図 7-4（b）に示しますように４方向の斜め写真から同じ建物の形を取りだしますと建物の三次元モデルを作成できます（写真中央参照)。斜め写真ですが、案外鉛直壁のテクスチュアを取り出すことができます。建物調査だけでなく、道路などの斜面の測定にも役立ちそうですね。

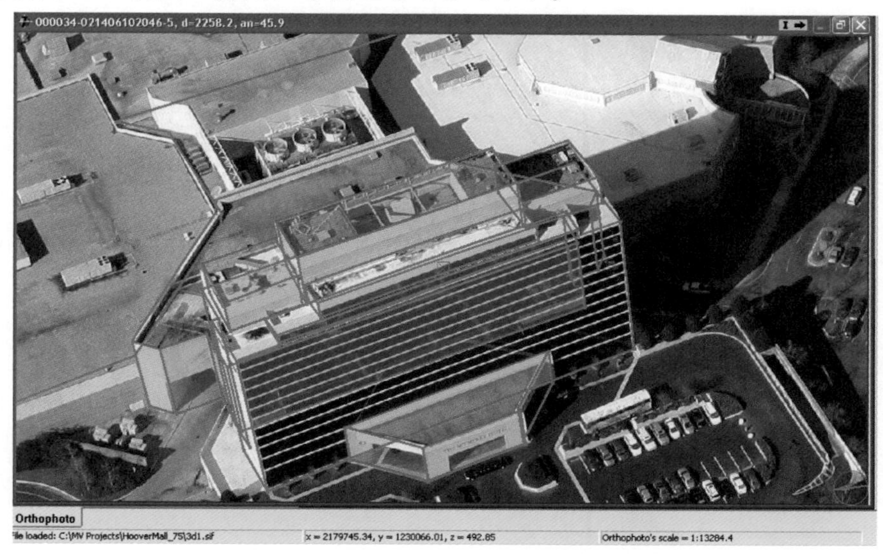

図7-4（a）斜め写真からの特徴線抽出

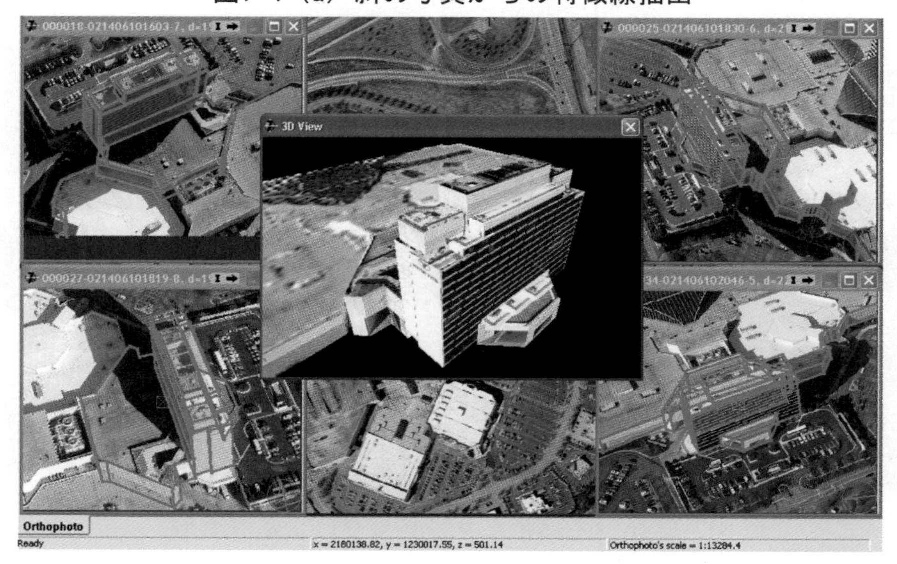

図7-4（b）斜め写真から得られた建物の3D モデル

応用例5：モバイルマッピング　（Karsten Jakobsen氏提供）

車両にデジカメ、GNSS、IMU などを搭載して、道路や道路付帯物（道路標識など）の三次元測定をすることが行われています。動きながらの測量ですので、モバイルマッピングといわれています。図 7-5（a）のようにステレオカメラを搭載していますので、道路や付帯物の三次元測定ができます。図 7-5（b）は測定例を示しています。道路幅員が 5.038m、料金所の建物の高さが 7.010m と出ていますね。中国では、既に 22 万キロ以上がモバイルマッピングされていると報告されています。

図7-5（a）モバイルマッピングシステム

図7-5（b）モバイルマッピングによる計測例

応用例6: 水性植物調査　（鳥取大学汽水域研究センター提供）

無人航空機（UAV）にデジタルカメラを搭載して多数の斜め写真を撮影し、それらをモザイクしてDSM（デジタル表層モデル）あるいはオルソ画像を作成することは、極めて応用性が高いです。図7-6（a）は株式会社情報科学テクノシステムが保有するUAVです。上空から66枚のデジタル写真を撮影し（図7-6（b）参照）、最終的に図7-6（c）に示すDSMおよびオルソ画像を作成したものです。水性植物の分布を調査するのに極めて有効でした。解像力は1.8cmであり、拡大すれば植物の詳細が分かります。

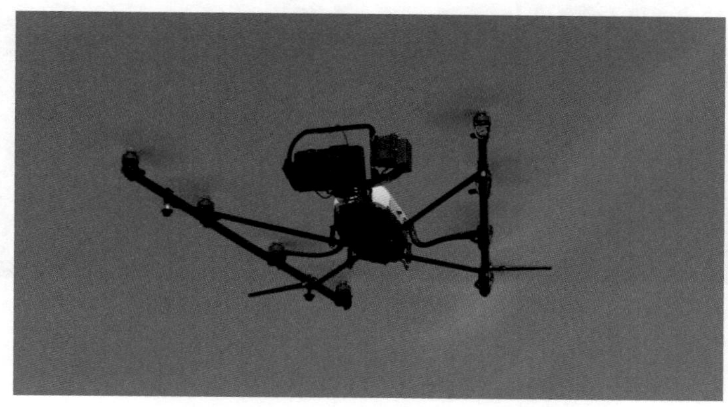

図7-6（a）Falcun UAV システム

図7-6（b）斜め写真撮影

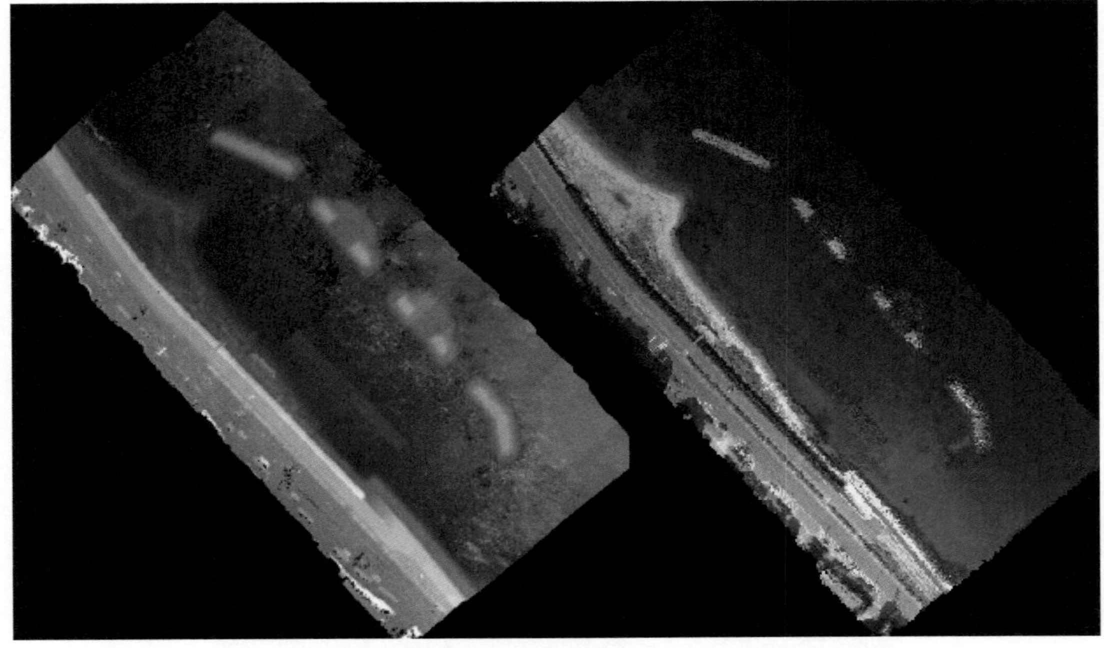

図7-6（c）左 :DSM、右 :オルソ画像

応用例7: 人体の測定　（株式会社トプコン提供）

人体や顔の三次元測定は、被服のデザイン、医療、化粧などの分野で利用されています。人間の肌は、一般にテクスチュアが均質であり、コンピュータによるイメージマッチングに弱いです。そのため、ランダムパターンを投射してテクスチュアを強制的に発生させる必要があります。図 7-7 は顔の測定例を示します。図 7-7（a）はステレオ写真です。撮影距離は 1.1m、基線長は 32cm でした。図 7-7（b）は測定例で左からランダムパターン、オルソフォト、TIN モデルを示しています。図 7-7（c）は顔の中央線の断面図です。図 7-7（d）および図 7-7（e）は人体の写真測量の例を示しています。

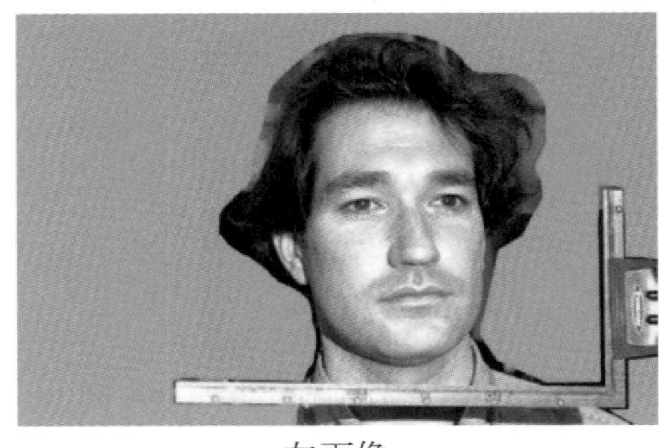

左画像

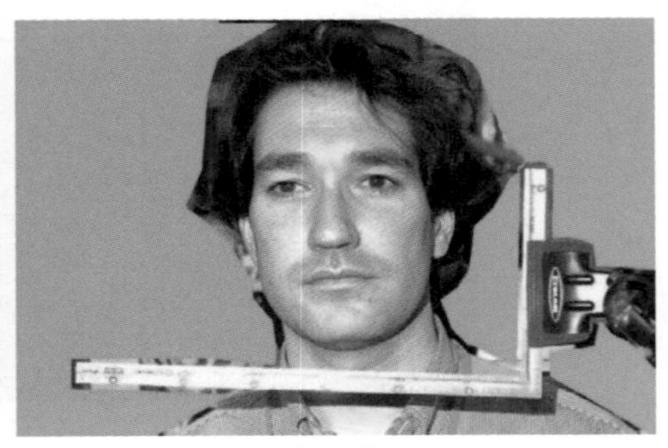

右画像

図7-7（a）顔のステレオ写真

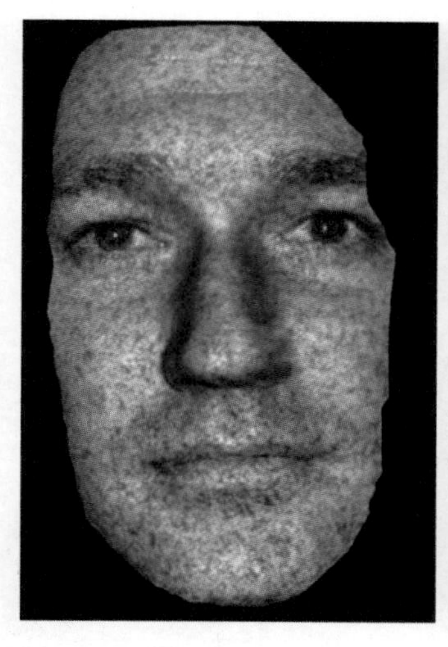

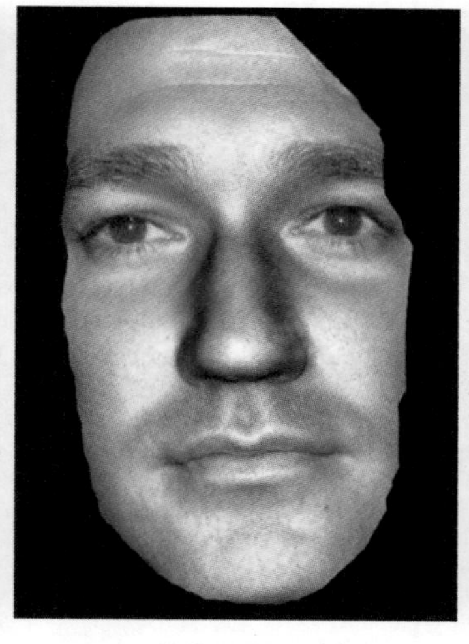

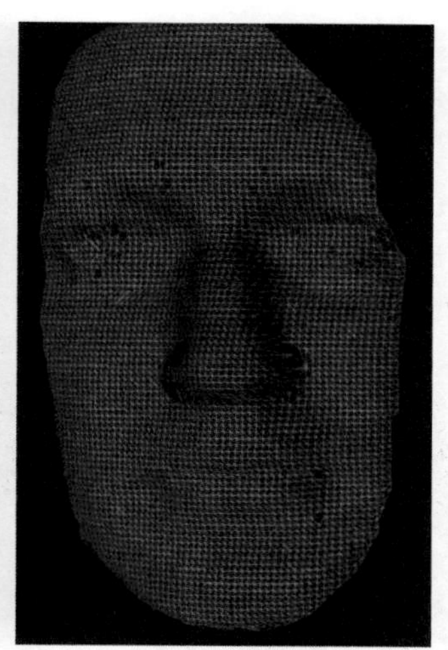

ランダムパターン投射　　画像を帖付けた 3D モデル　　3D モデル

図7-7（b）顔の写真測量

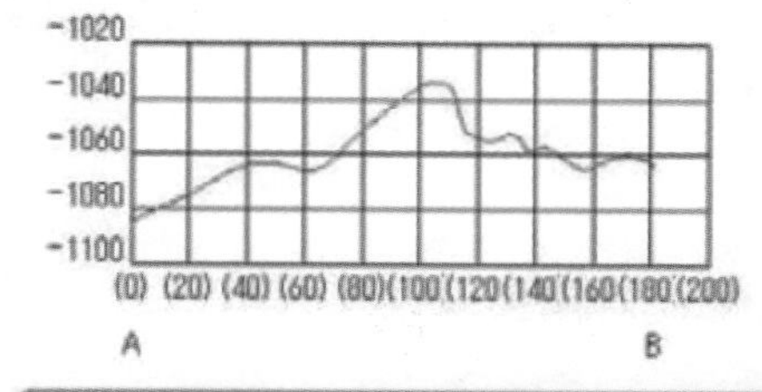

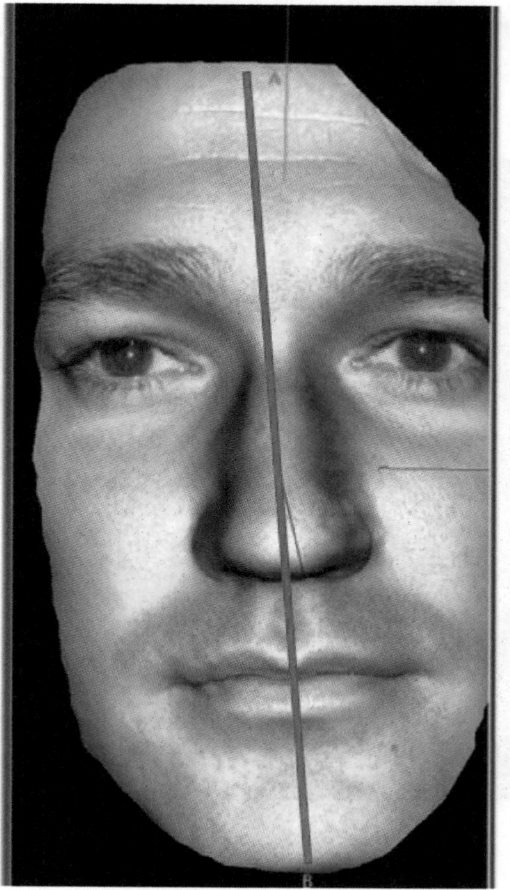

図7-7（c）顔の断面測定

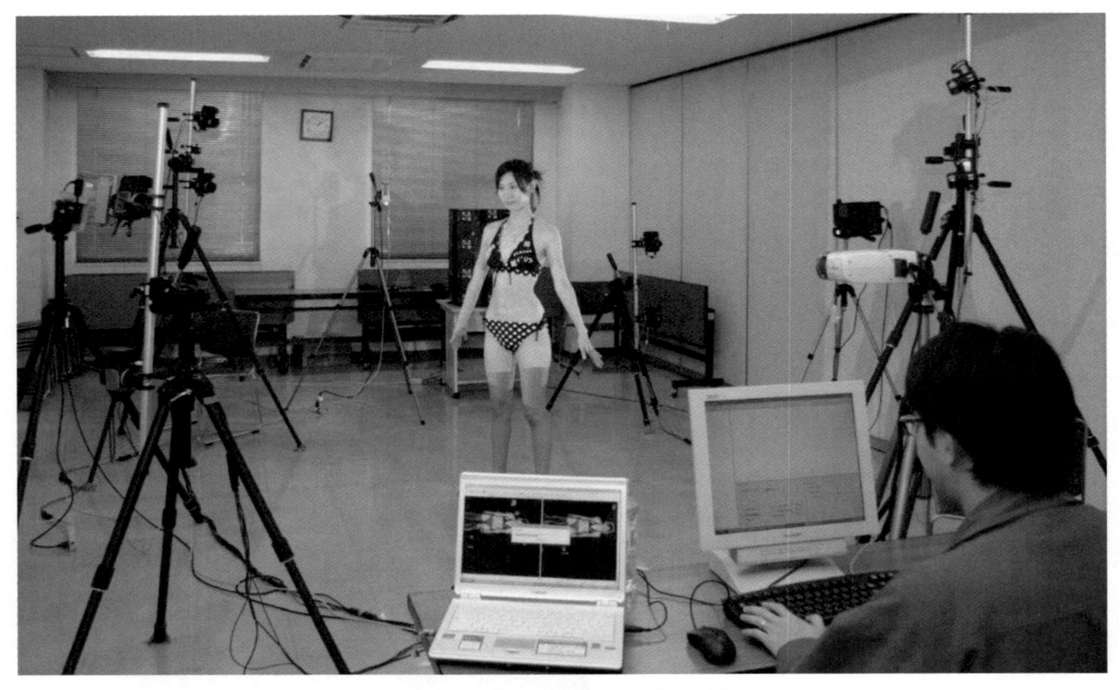

図7-7（d）人体の写真測量

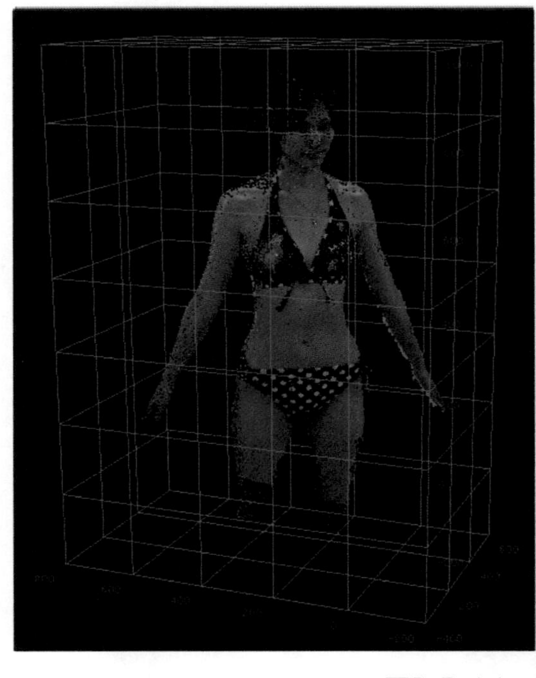

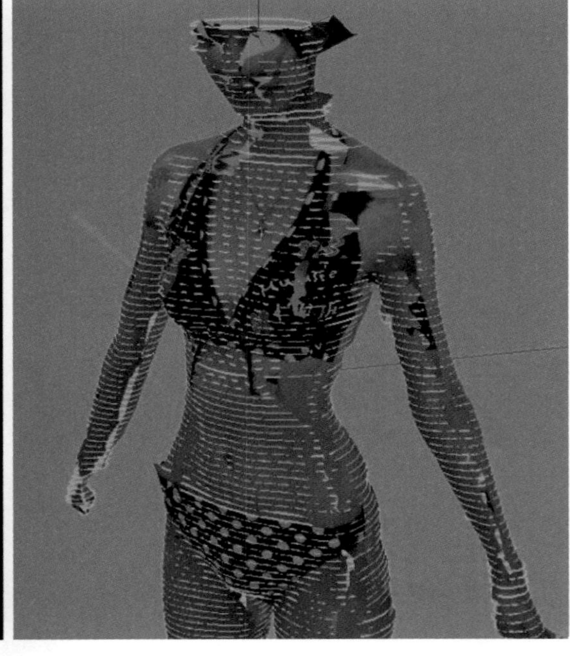

図7-7（e）人体の3D モデル

応用例8：文化財の写真測量　（株式会社トプコン提供）

遺跡や歴史的建造物の三次元測定に写真測量は広く利用されています。建物の形のみならず、彫刻やレリーフなどの紋様の保存も大切です。図 7-8（a）は、トルコ地中海ミゲレル島ビザンツ都市遺跡第二聖堂を写真測量した例を示しています。オルソフォトだけでなく、三次元の形状や図面を描画した例です。図 7-8（b）は、床面のモザイクの紋様を写真測量した例です。ビザンチン遺跡調査団、情報通信研究機関、福岡大学が協力して作成したものです。実測図とオルソフォトを重ね合わせたモザイク図が成果品となっています。実測図の線図は考古学の専門家が描いたものです。これに写真測量で得られたオルソフォトを重ね合わせることでさらにテクスチュア付きの図が得られます。

写真画像　　オルソ画像　　実測図

図7-8（a）ビザンチン遺跡

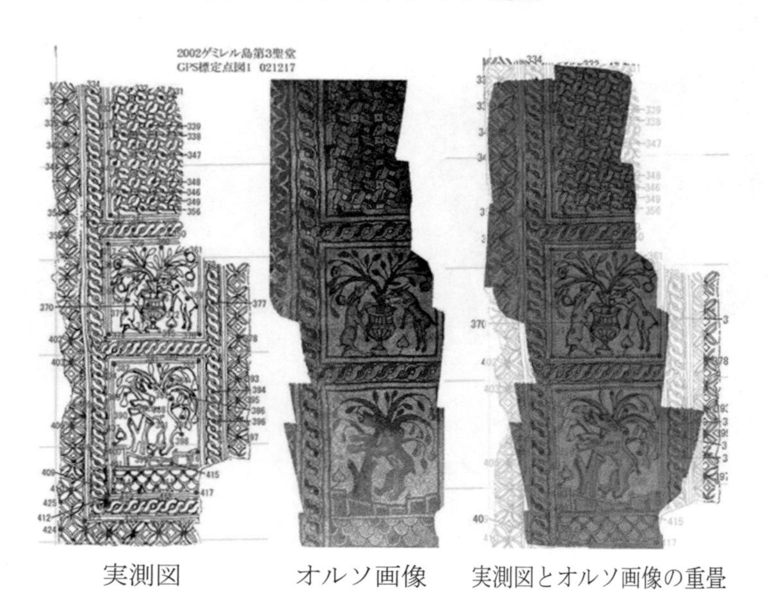

実測図　　オルソ画像　　実測図とオルソ画像の重畳

図7-8（b）再現されたテクスチュア

応用例9：下水管敷設工事の角度測定　（株式会社ソキア・トプコン提供）

大口径のトンネルや下水管の敷設工事にはトータルステーションやレーザー光を使用して角度測定を行うことができます。しかし直径が60cm以下の小口径の下水管の敷設工事には、従来の測定方法が応用できません。そこで考えられたのが、小さなデジタルカメラ２台を背中合わせに180度異なる方向につなぎ合わせて、下水管に固定し、前視および後視させて前後の下水管の曲がりの角度を測定するシステムです。２台のカメラの両脇に２つの円形標識を付けて、その中心がカメラの中心とします。画素の寸法が3.6μ、焦点距離25mm、300万画素のカメラが使われました。１画素の角度分解能は44″ですが、円形標識を使えば、0.1画素の座標測定精度がありますので、角度分解能は4.4″向上します。これにより250m先の下水管の尖端の位置が±5cmの精度で求めることができました。図7-9（a）は、新たに開発されたカメラシステムです（名称：ジェッピー）。図7-9（b）は、下水管敷設の角度測定をするトラバース測量の原理を説明したものです。図7-9（c）は、下水管をジャッキで推進させるときの施工管理図を示しており、計画からどのくらい水平方向および垂直方向にずれているかを示しています。このシステムはスカイツリーの工事で、パイプ構造が垂直に結合されているか否かを計測するのにも使われています。

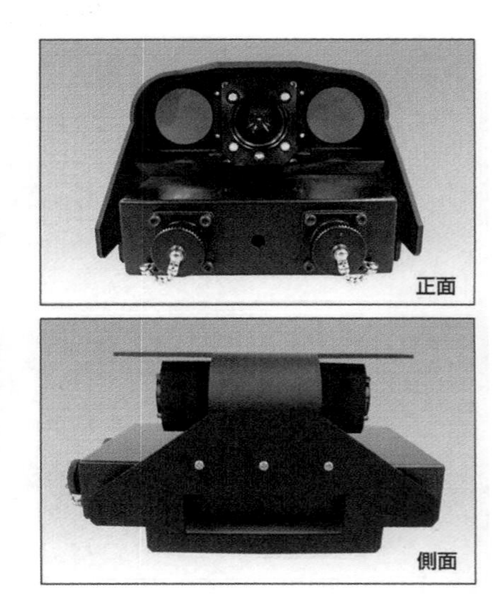

図7-9（a）ジェッピーのカメラシステム

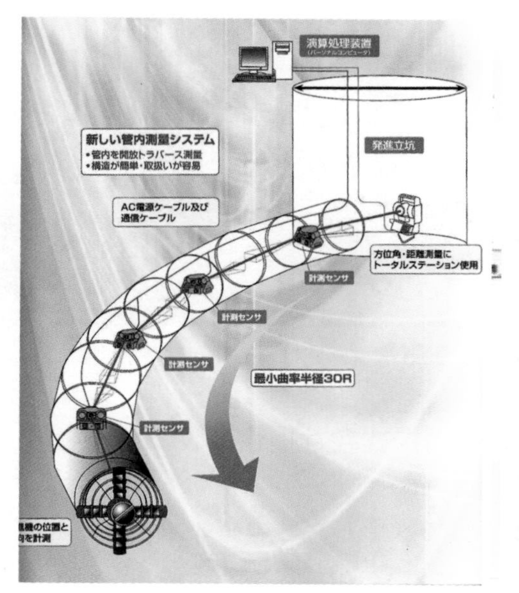

図7-9（b）下水管トラバース測量

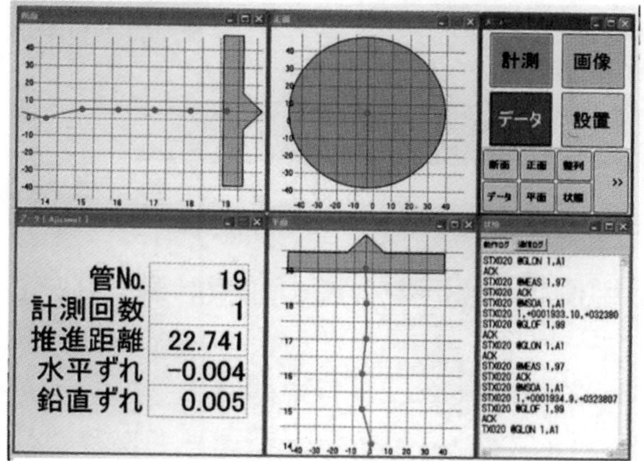

図7-9（c）推進施工管理図

応用例10：船体の計測（復建調査設計株式会社提供）

地上からの写真測量で最も有効なのは、近接での点計測です。写真縮尺や基線高度比、あるいは標識の読み取り精度などによって異なりますが、近接距離ではトータルステーションでの計測に匹敵する精度が得られるようになっています。しかも安価で、何処を計測したかが写真として記録され、再現性にも優れています。

図 7-10 は、船の断面を計測したものです。基準尺を用いて縮尺と鉛直方向を与えています。土地の測量とは異なり、測地座標と関連させる必要はありませんので、標定点の設置は簡単に行えます。

また、計測はデジタル写真測量システムを利用し、左右の写真に写り込んだ同一地点を立体視しながら行っています。標識は設置していません。標識を設置した場合に比べるとやや精度は低下しますが、極端に高精度な計測を求められない場合には、簡便かつ迅速で、非常に有利な写真測量の利用方法です。

図7-10 船体の写真測量

応用例11：飛行中の鳥の動態計測　（アジア航測株式会社提供）

図 7-11（a）は、飛行中の渡り鳥をステレオ写真で撮影したものを３組並べたものです。右の方から左の方へ、鳥たちが移動しているのがわかります。また、それぞれ撮影した時点での鳥の位置を計測し、飛翔の動体を解析したのが図 7-11（b）です。

航空機などの飛行中の動態を把握する方法としては、レーダがありますが、設備が大がかりとなりますし、鳥のような小さなものをとらえることは困難です。

渡り鳥の計測では、鳥までの距離と要求される計測精度から、使用するカメラや基線長を決定し、基線の両端にカメラを設置し、ステレオ撮影ができるようにします。また、その状態を維持したまま、別途用意した標定点を撮影してそれぞれのカメラの外部標定要素を決定します。

この外部標定要素を保持した状態で渡り鳥を計測し、渡り鳥の動態を解析しています。

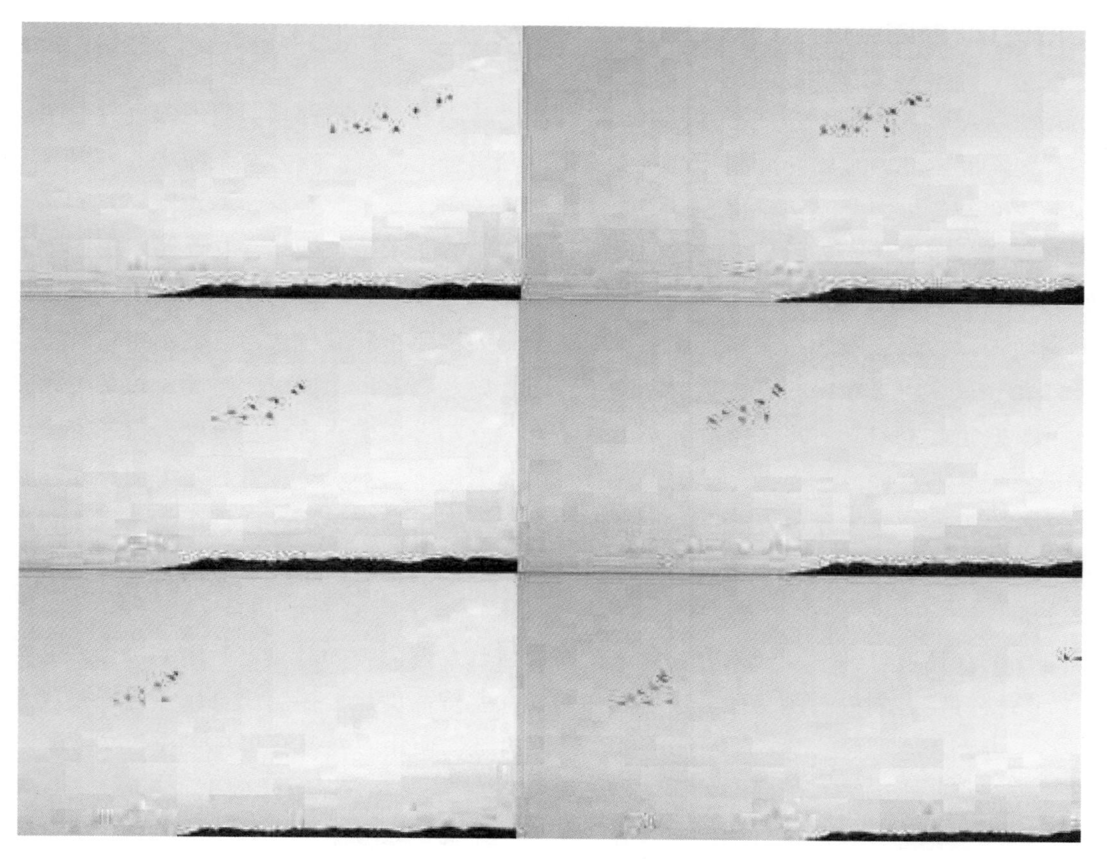

図7-11（a）渡り鳥の連続写真撮影

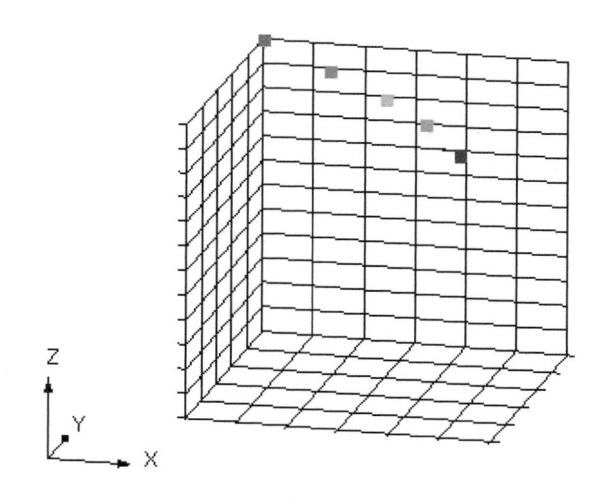

図7-11（b）鳥の空間的位置

応用例12：屋内測位　（株式会社オーピーティー提供）

たくさんのステレオ写真を継ぎ足して計測する必要があったり、屋内のような閉じられた空間内部の全周を計測したりするような場合に、特に威力を発揮するのがラインセンサーを用いたパノラマ写真での写真測量です。ラインセンサーを用いたパノラマ写真は、短冊状の入射口と固体撮像素子を装備し、本体を回転させながら撮影するカメラ（図7-12（a））によって撮影されます。したがって、障害物のない屋内のような場所では、数箇所から撮影するだけで、全ての場所を計測できる写真が得られることになります。少ない写真枚数で計測できるということは、撮影の時間を短縮できますし、安定したバンドル調整計算ができるということです。また、一度の撮影で全周が撮影できるということは、障害がなければ、撮影落ちがなく、安心して撮影作業を終えることができます。なお、基線高度比によっては精度が極端に低下する箇所が発生するため、全周を計測するような場合には、最低4箇所からの撮影が望ましいといえます。

理論的な精度は、フレームセンサーで撮影された写真での計測と基本的には同じですから、特定方向の計測では2箇所から適切な基線高度比で撮影すれば適当な精度を得ることができます。図7-12（b）は、精度検証に使用した写真の中の1枚です。パノラマ写真ですので、画像が内側になるように左右の端を結合して円筒にし、その中から写真を見たときに位置関係が実際のものと同じになります。精度検証は右側に写っている階段を使用して行い、結果はカメラからの奥行き距離が12mから42mの範囲で1/14,000から1/4,500でした。

図7-12（c）は、植物園の屋根の歪みを調査したものです。4箇所からそれぞれ天井方向と水平方向を撮影していて、それらのサムネールが左端に表示されています。このような計測はトータルステーションでも行えますが、現場作業はパノラマ写真撮影の方が格段に早く終えられ、施設営業への支障を抑制できます。

図7-12（a）パノラマカメラFODIS

図7-12（b）精度検証に使用したパノラマ写真

図7-12（c）パノラマ写真の屋内測位への適用

応用例13：公共測量での地図作成

写真測量が最も利用されている分野は地図作成で、航空機に搭載された航空カメラで撮影した航空写真が使われ、安定した平行撮影が行われるとともに、航空カメラの歪みは数μmに抑えられているため、バンドル調整の計算も安定し、均質な精度を得ることが可能です。しかしながら航空機を使うため狭い範囲では経済性が悪く、精度を上げるために撮影高度を下げると安全性に加え、飛行に伴う前進方向のブレが生じるなどの問題が起きることになり、航空写真測量の適用範囲は広域に限られてきました。

無人航空機（UAV: Unmanned Aerial Vehicle）の普及で、航空機では適用できなかった精度や範囲にも写真測量が使えるようになりつつあります。図7-13（b）は、図7-13(a)のUAVを使用し、道路とその周辺の地図を作成するために撮影した写真や設置した基準点などの位置を示したものです（専門的には撮影標定図と呼ばれます）。これらの写真や基準点からバンドル調整を行い、そこから得られた外部標定要素を使用して描画した図化データが図7-13(c)です。この地図の精度は、検証点で確認したところ表7-1のとおりでした。この結果を測量法で規定する公共測量の要求精度で評価すると、最も高い精度が要求される地図情報レベル250よりも高い精度が得られています。これから分かることは、同じ要求精度で、かつ飛行の安全が担保されれば、もっと撮影高度を高くし、写真枚数を少なくすることができるということです。基準点数も写真枚数によって変わってくるので、少なくすることができます。無人航空機の積載量が増加し、より高精度なデジカメが搭載できれば、さらに写真枚数や基準点数は減少でき、経済性が高まります。このような状況は近い将来実現すると思われますが、実現すると現地での作業時間が非常に短く、写真として現地の状況を保存できるため、無人航空機撮影による地図作成は大きく普及していくものと思われます。ただ、現状では、デジカメや無人航空機に不安があったり、バンドル調整の収束域が大きかったりするとともに、建物などで隠蔽されて写真に写らない場所が多かったりするなど、業務用としては確立していない部分もあるので注意して使用する必要があります。

図7-13（a）使用したUAV（Hornet）

図7-13（b）撮影標定図

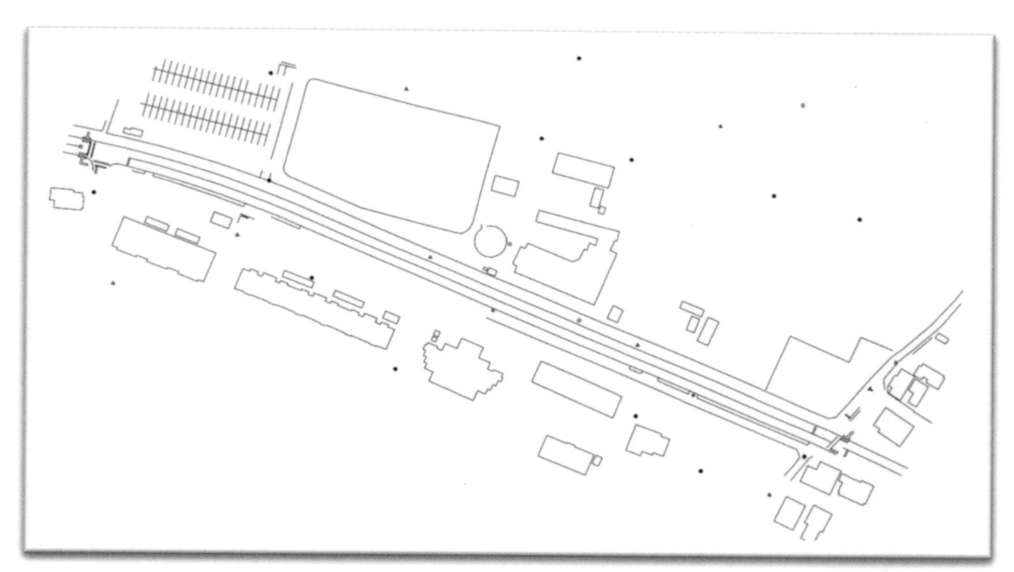

図7-13（c）図化データ

表7-1 検証結果

項目		検証結果 (対地高度 50m)	準則の要求精度 (地図情報レベル250)
検証点 (水平)	標準偏差	0.04	0.12
	最大値	0.07	-
検証点 (高さ)	標準偏差	0.09	0.25
	最大値	-0.13	-

応用例14：自動処理（SfM）による写真測量

航空機から航空カメラで撮影した写真ではあり得ませんが、標定やバンドル調整の計算が収束しないことが、市販の民生用デジカメを使用した写真測量では起こります。このような状況は、成果を作ることをできなくするため非常に困ります。デジタル化によって写真測量が簡単になったとはいえ、デジカメの選択や撮影の方法に注意するとともに、写真測量の理論を踏まえて丁寧に作業をする必要があります。

ただこれは、精度を重視した写真測量の場合です。精度をあまり重要視せず、見た目で綺麗な三次元モデルであればSfM（Structure from Motion）と呼ばれる自動写真測量が有効です。SfMは、その名のとおり、動きながら三次元構造を求める手法で、次々と現れる物体を認識して対処方法を判断したり、障害物を避けながら動く方法を判断したりする、コンピュータやロボットの目として利用するのに開発されたものです。SfMの基本原理は写真測量ですが、リアルタイムかつ完全自動で三次元計測を行うことが重視されており、これまで測量分野で使用されていた写真測量とはプログラムの実装方法が異なる部分があります。

SfMが測量分野での写真測量と最も異なるのは、重複した写真同士を繋げる共役点を取得する方法です。SfMでは、SIFT（Scale-Invariant Feature Transform）あるいはSIFTから派生した方法が使われています。写真測量では、基本はマニュアル観測で、円形標識を置いて自動化することもあります。SIFTは、写真の回転・縮尺・明度といった変化に対して頑健な共役点抽出方法で、周りより明るい点や暗い点を抽出して使用することで明度による影響を取り除くとともに、オクターブと呼ばれる帯域（分解能）が異なる画像からも抽出することで縮尺が異なる写真間でも共役点を抽出することを可能としています。また、抽出した点の周辺輝度値からの勾配情報による方向ベクトルを使用することで回転にも強くしています。ただ、これらは最小二乗法の利用の前提となる測定精度を正規分布させる測量的なやり方とは異なりますので、注意が必要です。また、共役点を抽出しやすくするために写真間の重複量を多くすること（80％など）が求められ、基線高度比が悪くなります。そのため、SfMを使用して精度を確保しようとすると写真測量の理論以上に高解像度で、かつ重複量を多くして撮影する必要があります。また、SfMは人工構造物などの三次元モデルに使用されますが、人工構造物は濃淡が少なかったり光を透過するガラス窓が存在したり、同一のパターンが存在したりしますので、図3-10で紹介したような濃淡を付けたり、窓のカーテンを閉めたりする必要があります。

図7-14（a）は、河岸に露出した岩を収斂させて撮影した写真群です。一部水溜まりになっている箇所で異常な形状が発生しましたが、概ねそれなりの三次元モデルを図7-14（b）のように作成することができています。机上で専門家や業務委託者と協議ができるので、非常に便利です。

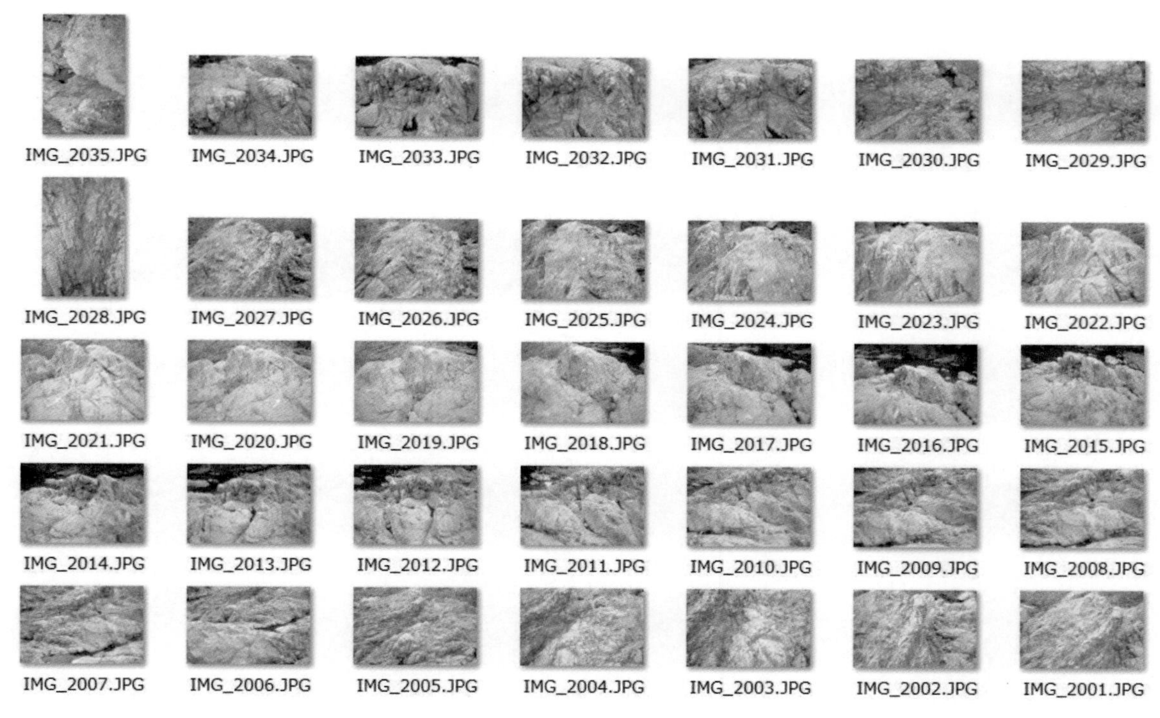

図7-14（a）露岩の撮影した写真

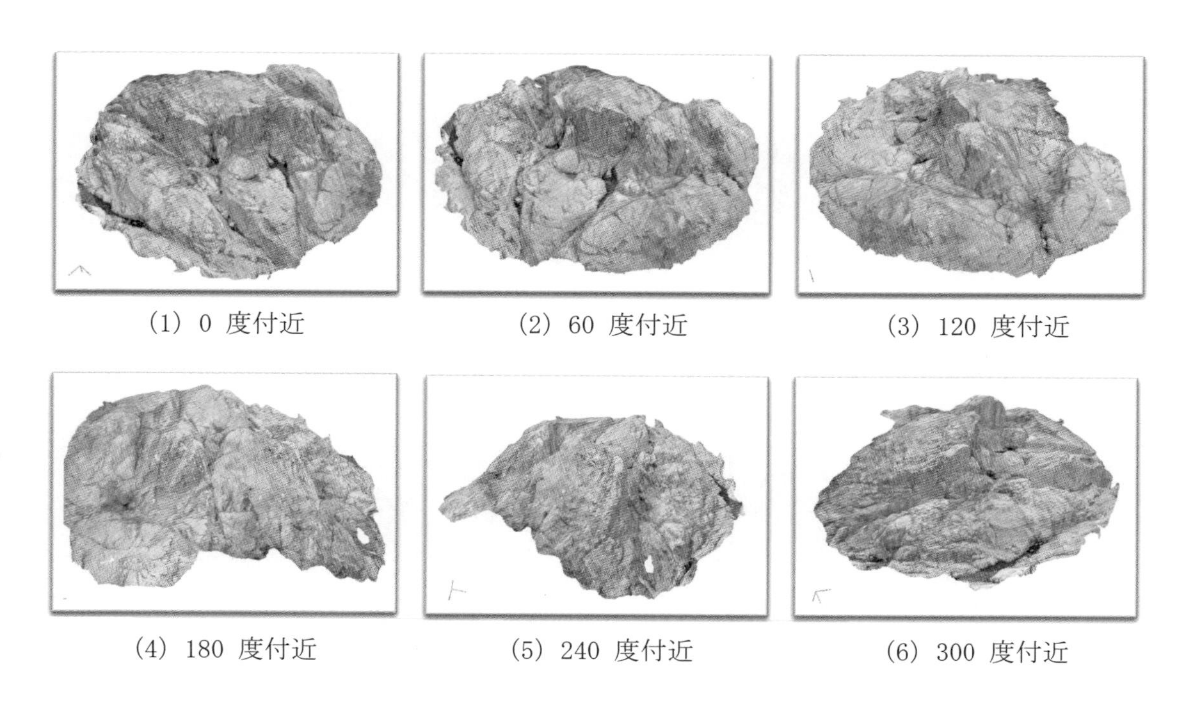

図7-14（b）露岩の三次元モデル（６方向からの表示）

付録：市販デジタルカメラを使った地形・地物の写真測量に関する仕様書

日本写真測量学会作成　2010.9.1

1. 目的

本仕様書は、市販デジタルカメラを用いて地形・地物などをデジタル写真測量の技法により、精度の高い三次元測定をするために制定するものである。

2. デジタル写真測量対象物

デジタル写真測量を利用して三次元測定を実施する対象物は、地形、地物、構造物など野外に位置する物体および彫刻像、工作物、室内装飾など室内に位置する物体を含む。ただし、対象物の表面が白あるいは黒など均質な模様をしているもの、金属表面のように鏡面反射をするもの、ガラス製品のように透過するものは、写真測量の対象に適しない。室内にある均質模様の対象物体にランダム模様を投射して模様を作り出せるものは、写真測量の対象になりうる。

3. 使用可能なデジタルカメラ

デジタル写真測量の精度管理を確実にするため、本仕様書では下記の仕様を有する一眼レフカメラを使用するものとする。

1) マニュアル操作で焦点距離を固定できる。
2) 画素数が500万画素以上の正方格子状のCCDまたはCMOSセンサー（固体撮像素子）を有する。
3) 1画素の寸法がマニュアルに記載されているか、固体撮像素子の受光面積と画素数から1画素の寸法が算出できる。
4) 焦点距離が28mmから80mmまでの値を有する。
5) 十分な記憶容量を有するデジタル画像記録媒体を有する。
6) 本仕様書で規定するカメラキャリブレーションを実施している。

4. カメラキャリブレーション

1) デジタル写真測量に使用するカメラはカメラキャリブレーションを実施しなければならない。
2) カメラキャリブレーションは、焦点距離c、主点位置ずれ（x_p,　y_p）、放射線方向レンズ歪の係数（K_1, K_2, K_3）、接線方向レンズ歪係数（P_1, P_2）の8つのパラメータを有するカメラキャリブレーション付きバンドル調整法で行わなければならない。ただし例外としてk_3は省略しても良い。

3) カメラキャリブレーションにおいては、最少50点以上の円形標識を有する参照体を用いて、最少5方向（正面、上斜め、下斜め、左斜め、右斜め）以上から撮影した写真画像から前記パラメータを求めなくてはならない。

4) カメラキャリブレーションにおける写真撮影では、各写真画像とも十分に隅の方まで参照体を含んでいなければならない。

5) カメラキャリブレーションにおいては参照体の写真座標残差の標準偏差は 0.2 画素以内かつ最大残存残差は 0.5 画素以内でなければならない。

6) 日本測量協会が実施するカメラキャリブレーションの証明書を得たカメラは、証明書が保証するパラメータをもってカメラキャリブレーションに代えることができる。

7) カメラキャリブレーションにおいては、下記に示す共線条件式を用いて、バンドル調整をしなければならない。

$$x - dx_p - \frac{x_m}{c}dc + K_1 x_m r^2 + K_2 x_m r^4 + K_3 x_m r^6 + P_1(3{x_m}^2 + {y_m}^2) + 2P_2 x_m y_m = -c\frac{X'}{Z'}$$

$$y - dy_p - \frac{y_m}{c}dc + K_1 y_m r^2 + K_2 y_m r^4 + K_3 y_m r^6 + 2P_1 x_m y_m + P_2(3{y_m}^2 + {x_m}^2) = -c\frac{Y'}{Z'}$$

ここで　$x_m = x - x_p$

$y_m = y - y_p$

5. 標識

1) 基準点、タイポイントおよびパスポイント（または測定点）には円形標識を設置しなければならない。

2) 標識の形状は、黒色または濃い色の背景に白色の円形を有するものとする。デジタル画像の上で二値化した時に明瞭に円形が識別できなければならない。

3) 白色の円形標識の直径はカメラの解像力の単位で 10 画素以上の大きさを有していなければならない。写真に写る標識の大きさは、カメラから標識までの奥行き方向の距離を焦点距離で割った値（写真縮尺の逆数）に1画素の寸法をかけて求めることができる。

4) 基準点に使用する標識の中央の点の三次元座標をトータルステーションなどの測量機器を用いて正確に求めなくてはならない。基準点の測定精度は、測定対象物の測定精度の 3 倍以上の精度で行わなければならない。

6. 基準点およびタイポイント

1) 基準点は全体のモデルの 4 隅に最少 4 点またはそれ以上を設置しなければ

ならない。

2) 複数のモデルに分割して写真撮影をする場合は、モデルの接合領域にタイポイントとしての標識を設置することが望ましい。標識を設置できない場合であっても、タイポイントとして使用できる、明瞭に識別できるものが写されていなければならない。

3) 基準点の配置は、全体のモデルに偏することなく、均等に配置しなければならない。

7. パスポイント

1) 相互標定に使用するパスポイントは各モデルにおいて、それぞれ6点以上を選定しなければならない。

2) パスポイントの配置は偏することなく均等に選定しなければならない。

8. 写真撮影

1) 写真撮影は、測定対象物の測定精度の要求条件を考慮して適切な撮影距離から行わなければならない。

2) 一般にデジタル写真測量の精度は、標識を設置した測定点で奥行き距離の約20,000分の1であるから、要求される測定精度に20,000倍を乗じた撮影距離を超えない撮影距離を取らなければならない（例えば、1mmの精度を要求されるならば20m以内の撮影距離が必要になる）。

3) カメラの画角を考慮して、測定対象物が想定する撮影距離から2枚1組のステレオペアでカバーできるか複数枚の写真でカバーできるか見極めなければならない。

4) ステレオ写真を撮影する場合には、測定対象物までの撮影距離に対して、3分の1以上および1分の1以下の基線の間隔（これを基線比という）をあけて写真を撮影しなければならない。

5) ステレオ撮影あるいは重複撮影をする場合には、60%以上が重複するように撮影しなければならない。重複領域に、基準点またはタイポイントが含まれていることを確認しなければならない。

6) 原則として、平行光軸のステレオ撮影を行うものとする。カメラの画角および基線比の制約から十分な重複領域を取れない場合には、光軸を互いに内側に斜めに傾けて、規定した重複領域を確保しても良い。

9. 標定

1) 撮影した写真画像の中から互いに測定対象物が重複して撮影されているペアをすべて選び出し、相互標定を実施しなければならない。相互標定における残存縦視差の標準偏差は 0.2 画素以内でなければならない。

2） 複数のモデルに分割されたモデルは統一されたモデル座標系に接続標定をしなければならない。

3） 基準点、タイポイントおよびパスポイントを利用して、バンドル調整により、カメラ位置、カメラの傾きの外部標定要素を求めなければならない。

4） すべての標定においては、カメラキャリブレーションで求めたパラメータを使用して焦点距離、主点位置及びレンズ歪を補正しておかなければならない。

5） バンドル調整における絶対標定の基準点の誤差は、測定対象物の座標系において要求される三次元座標の精度の 3 分の 1 以下でなければならない。

10. イメージマッチング

1） 測定点の三次元測定をするのみの業務以外のデジタル写真測量業務においてはイメージマッチングを実施しなければならない。

2） イメージマッチングは、多段階マッチング及び最小二乗法を組み合わせた手法を使用しなければならない。

3） 左写真画像または右写真画像の上で指定した画素に対応する右写真画像または左写真画像の対応点をイメージマッチングで迅速に探索できなければならない。

4） 適切な間隔の画素または全画素マッチングを実施しなければならない。

5） 相関係数が閾値より小さい画素は、マッチングから排除しなければならない。閾値は、相関係数 0.3 前後を標準とする。

6） イメージマッチングした画素に対応する三次元点群は正方格子に再配列しなければならない。

7） 明らかにイメージマッチングにエラーがあると視認される画素はマニュアル操作で排除しなければならない。

11. 3Dモデル

1） 3D モデルとして、不整形三角網モデル（TIN）、等高線図、断面図、透視図、オルソ画像を生成できるようにしなければならない。

2） 明らかなエラーを視認した場合には、マニュアル操作で排除し、修正しなければならない。

3） 表示すべき 3D モデルは、特記仕様書で指定しなければならない。

12. マニュアル描画

1) 輪郭線、特徴線あるいは境界線などステレオ画像を見ながら描画できるようにしなければならない。
2) 偏光フィルターと偏光眼鏡で立体視しながら描画するか、オルソ画像上で描画するかしなければならない。
3) 描画する線は三次元座標を持たなければならない。

13. デジタル写真測量のソフトウエア

デジタル写真測量に使用するソフトウエアは下記の機能を有していなければならない。

1) デジタルカメラに記録された写真画像データを読み取り、コンピュータに取り込む。
2) デジタルカメラに記録されたExif ファイルを読み取る。
3) 本仕様書で規定したカメラキャリブレーションのパラメータを算出する。ただし、日本測量協会によるカメラキャリブレーションの証明書を得る場合には、この機能はなくても良い。
4) 円形標識を自動認識し、その中心の写真座標を自動計測する。
5) ステレオペアの写真画像を選び出し、対応する円形標識および同一物体の写真座標を自動測定する。
6) パスポイントを選択し、相互標定を実施し、残存縦視差を出力する。
7) 統一されたモデル座標に接続標定を実施する。
8) バンドル調整により、複数モデルの外部標定要素を求め、基準点における残差を算出する。
9) バンドル調整による基準点、パスポイント、タイポイントおよび測定点などの三次元座標を出力する。
10) イメージマッチングを実施し、ランダム配置の三次元座標を有する点群を生成する。
11) ランダム配置の点群から不整形三角モデル（TIN モデル）を生成する。
12) ランダム配置の点群を正方または長方形格子の点群に変換する。
13) 任意の三次元座標系に変換する。
14) オルソイメージを自動生成する。
15) 等高線描画を行う。
16) 透視変換により鳥瞰図表示を行う。
17) 指定された線の断面図を表示する。
18) オプションとして、ステレオ視をしながら輪郭線などマニュアル操作で描画する。この機能はなくてもよく、あることが望ましいものとする。

おわりに

1990年代にデジタル写真測量が登場してから約20年が経過します。アナログ写真測量に関するテキストは沢山見受けられますが、デジタル写真測量に関するテキストは極めて少ないのが現状です。コンピュータおよびデジタルカメラの進歩がきわめて速く、テキストを書く暇がないのが理由でしょうか？ 写真測量を専門にしていた者がリモートセンシングやGISに転向して、写真測量とりわけデジタル写真測量に特化した専門家が少なくなったことも原因でありましょう。この本は、現時点でのデジタル写真測量に関する最新の情報を取り込んだものです。

一方で日本測量協会が実施した「デジタル写真測量講習会」はこの6年間でほぼ定員オーバーで500人以上の受講者がでています。デジタルカメラの性能が向上し、安価に三次元測定ができるツールとして認識が広まっているのが原因でしょう。確実にデジタル写真測量の需要が高まっていることが分かります。コンピュータやデジタルカメラのコストが安価になる一方で、従来はデジタル写真測量のソフトが高額だった事が普及を阻害してきました。しかし、最近になって、デジタル写真測量のソフトを安価に入手できる仕組みが整備されつつあります。

また、計画機関などデジタル写真測量業務を発注する側で技術的な内容に関して知識が乏しく、仕様書を書くことができないことも普及を阻害しています。受注する側についても同じことがいえます。そこで本書の付録には日本写真測量学会が定めた「デジタル写真測量仕様書」を掲載しました。デジタルカメラの選定、カメラキャリブレーションの仕方、ステレオ写真の撮影、標定、精度管理など参考にしていただければ幸甚です。

本書が、デジタルカメラ王国である我が国でデジタル写真測量が普及するために貢献できれば望外の喜びです。読者のご鞭撻を賜りたいと思います。

2011年2月
著者

参考文献

桑島 幹 (2005)：図解入門 よくわかる最新レンズの基本と仕組み、秀和システム
高木幹雄・下田陽久 監修 (2011)：新編 画像解析ハンドブック
高橋友刀 (1994)：レンズ設計、東海大学出版会
動体計測研究会 編 (1997)：イメージセンシング デジタル画像－計測技術と応用－、日本測量協会
永田信一 (2002)：図解 レンズがわかる本、日本実業出版社
日本写真測量学会・解析写真測量委員会 (1983)：解析写真測量、日本写真測量学会
日本写真測量学会 編 (1980)：立体写真のみかた・とりかた・つくりかた、技報堂出版
日本写真測量学会 編 (1983)：写真による三次元測定 －応用写真測量－、共立出版
日本写真測量学会 編 (1989)：解析写真測量 改訂版、日本写真測量学会
日本写真測量学会 編 (2016)：三次元画像計測の基礎－バンドル調整の理論と実践－、東京電機大学出版局
村井俊治・近津博文 監修 (2004)：デジタル写真測量の理論と実践、日本測量協会
八木康史・斎藤英雄 編 (2012)：－CVIMシュートリアルシリーズ－コンピュータビジョン最先端ガイド２、アドコム・メディア株式会社
八木康史・斎藤英雄 編 (2012)：－CVIMシュートリアルシリーズ－コンピュータビジョン最先端ガイド５、アドコム・メディア株式会社

David G. Lowe (1999)：Object Recognition from Local Scale-Invariant Features, Proc. of the International Conference on Computer Vision
David G. Lowe (2004)：Distinctive Image Features from Scale-Invariant Keypoints, Accepted for publication in the International Journal of Computer Vision, 2004.
Hirschmuller,H., (2008)：Stereo processing by semiglobal matching and mutual information. IEEE Transactions on Pattern Analysis and Machine Intelligence, 30(2), pp.328-342.
John Fryer, Harvey Mitchell and Jim Chandler (2007): Applications of 3D Measurement from Images, Whittles Publishing
K.B. Atkinson (2001): Close Range Photogrammetry and Machine Vision, Whittles Publishing
Szeliski, R., (2011)：Computer Vision－Algorithms and Applications. Springer, Heidelberg, Germany.
Thomas Luhmann, Stuart Robson, Stephen Kyle and Ian Harley (2006): Close Range Phtogrammetry Principles, Methods and Applications, Whittles Publishing

索引

あ行

か行

さ行

た行

な行

は行

ま行

や行

ら行

英数字

著者略歴

津留 宏介（つる こうすけ）
アいちず創製株式会社 2021年設立、i 地図通信編集室長。国立八代工業高等専門学校土木建築工学科卒業。（一社）日本写真測量学会理事、（一財）測量専門教育センター評議員。（一社）日本写真測量学会事務局長、（公財）日本測量調査技術協会技術委員会副委員長、同空中計測マッピング部会部会長、（公社）日本測量協会 測量技術センター 空間情報技術部部長などを歴任。測量士、技術士（応用理学、総合技術監理）、空間情報総括監理技術者、工学博士（東京大学）。

村井 俊治（むらい しゅんじ）
2007-2015年日本測量協会会長。東京大学工学部土木工学科卒業。1983-2000年東京大学生産技術研究所教授、2000-2006年慶応義塾大学教授、現在東京大学名誉教授。この間、アジア工科大学院(AIT)教授及び主席教授、国際写真測量・リモートセンシング学会(ISPRS)会長、日本写真測量学会会長などを歴任。現在、国際写真測量・リモートセンシング学会名誉会員、アジアリモートセンシング協会(AARS)名誉会員、日本リモートセンシング研究会会長、株式会社地震科学探査機構(JESEA)取締役会長などに就任。工学博士(東京大学)、測量士。

デジタル写真測量の基礎
～デジカメで三次元測定をするには～

定　価 2,305円(本体 2,096 円＋税10％)

発　行 2011 年 2 月 25 日 初版
2012 年 9 月 3 日 第 2 刷
2017 年 3 月 19 日 改訂第 1 版
2020 年 8 月 7 日 改訂第 2 版
2023 年 6 月 30 日 改訂第 2 版 2 刷

著　者 津留　宏介 ／ 村井　俊治
発行所 公益社団法人　日本測量協会
〒112-0002 東京都文京区小石川1-5-1
パークコート文京小石川ザ タワー
TEL 03-5684-3354　FAX 03-5684-3364
URL https://www.jsurvey.jp

印　刷 日本印刷株式会社

©2017 Printed in Japan
ISBN978-4-88941-123-2